你生气，为什么不明说？

生闷气、摆臭脸、说反话，
愤怒情绪下的被动攻击

［美］安德烈娅·勃兰特 著

祁怡玮 译

华夏出版社
HUAXIA PUBLISHING HOUSE

图书在版编目（CIP）数据

你生气，为什么不明说？：生闷气、摆臭脸、说反话，愤怒情绪下的被动攻击 /（美）安德烈娅·勃兰特（Andrea Brandt）著；祁怡玮译. -- 北京：华夏出版社有限公司, 2020.7（2024.9重印）

书名原文: 8 Keys to Eliminating Passive-Aggressiveness

ISBN 978-7-5080-9846-3

Ⅰ. ①你… Ⅱ. ①安… ②祁… Ⅲ. ①情绪—自我控制—通俗读物 Ⅳ. ①B842.6-49

中国版本图书馆CIP数据核字（2020）第075339号

重要提示：本书仅为健康和幸福提供一般性的信息，不可替代专业的医疗和心理治疗，不能用于诊断或治疗任何疾病。如果您处于孕期、哺乳期或者有其他严重疾病的症状，请寻找更专业的健康护理。

Copyright © 2013 by Andrea Brandt

版权所有，翻印必究。

北京市版权局著作权登记号：图字 01-2019-4321 号

你生气，为什么不明说？
——生闷气、摆臭脸、说反话，愤怒情绪下的被动攻击

著　　者	［美］安德烈娅·勃兰特	
译　　者	祁怡玮	
责任编辑	陈　迪	
出版发行	华夏出版社有限公司	
经　　销	新华书店	
印　　刷	三河市少明印务有限公司	
装　　订	三河市少明印务有限公司	
版　　次	2020年7月北京第1版　2024年9月北京第4次印刷	
开　　本	880×1230　1/32开	
印　　张	9	
字　　数	195千字	
定　　价	49.00元	

华夏出版社有限公司　网址:www.hxph.com.cn 地址：北京市东直门外香河园北里4号　邮编：100028
若发现本版图书有印装质量问题，请与我社营销中心联系调换。电话：（010）64663331（转）

献给我过去和现在的个案,你们的勇气、成长与蜕变启发了我。

献给我的丈夫JP ——你的爱、鼓励与支持,使一切成为可能。

目录

代序
无所不在的"被动攻击" / 1

前言
嘴上说没事,其实心里很有事 / 5

Chapter 01
正视压抑的愤怒

生气不是坏事,你也不是坏人 / 007

你害怕表现出你的情绪和感受吗? / 010

愤怒是演化而来的健康情绪 / 011

培养觉察愤怒的能力 / 015

面对被动攻击者,你可以给予正面回应 / 023

Chapter 02
厘清情绪底下的思维

/027

对愤怒和其他感受的恐惧源自童年经验 / 035

检验现实情况的三步骤 / 038

其他导致被动攻击的典型思考谬误 / 045

抛开错误心念的操控 / 050

面对被动攻击者,你可以跟对方把话说开 / 054

Chapter 03
倾听身体的讯息

/059

正视情绪所传达的讯息 / 062

压抑愤怒的代价 / 066

未被消化和释放的情绪,身体会记住 / 068

疗愈受伤的内在记忆 / 070

与当下同在 / 072

正念静心 / 073

和身体的知觉感受共处 / 075

诚实迎向内心的感受 / 078

不控制亦不评断你的感觉 / 083

不对情绪作无谓的反应 / 084

面对被动攻击者，你可以先从了解自己和对方的情绪着手 / 085

Chapter 04
设下情绪的人我界限

/089

界限的定义 / 093

要能洞察内心的感受，才能捍卫自己的界限 / 096

界限薄弱的特征 / 099

缺乏界限导致的问题 / 101

被动攻击者的依赖困境 / 101

当被动攻击成了一段关系中的障碍 / 103

面对被动攻击者，你要优先照顾好自己 / 108

Chapter 05
明确而坚定的沟通

/115

辨认你的沟通风格 / 119

温和且坚定的沟通之道 / 123

不带指控与批评地说出自己的想法 / 128

面对被动攻击者，更要积极和他们沟通 / 138

Chapter 06
容许建设性的冲突

/ 145

果决的沟通，同理心的倾听 / 150

针对问题沟通，避免离题失焦 / 153

为冲突解套的实用策略 / 155

直指裂痕，才能加以弥补 / 165

不以固有的反应模式处理冲突 / 171

面对被动攻击者，冲突或许是改变关系的良机 / 173

Chapter 07
拟定具体改变计划

/ 175

本能反应对人际关系的破坏 / 179

想改变，从自己先负起责任开始 / 185

暂停一下，别急着做出回应 / 187

指出被动攻击行为的问题所在 / 191

恐惧使人陷入进退两难的困境 / 195

改变自己，成为你想要的那个人 / 198

Chapter 08
不再姑息被动攻击

你是被动攻击关系中的帮凶吗？／213

认清你所扮演的"别人"角色／226

从被动攻击者那里拿回掌控权／233

采取行动，改写结局／237

结语／238

致谢／245

练习索引

目录

练习一　　倾听愤怒的声音 / 006

练习二　　撰写愤怒日记 / 014

练习三　　探究你处理愤怒的方式源自何处 / 018

练习四　　找出你最主要的愤怒征兆 / 021

练习五　　检视你对被动攻击者的反应 / 025

练习六　　重访关键的童年经验 / 041

练习七　　把话说开 / 043

练习八　　改变儿时奠定的思考模式 / 052

练习九　　遇到问题时，先厘清事情的情况 / 057

练习十　　探索上一次生气的原因和反应 / 063

练习十一　清点你的情感需求 / 065

练习十二　正念静心 / 074

练习十三　观察身体的知觉感受 / 077

练习十四	承认并表达你的感受 / 081	
练习十五	设下身体的界限 / 105	
练习十六	设下情绪的界限 / 107	
练习十七	培养同理心 / 131	
练习十八	面对冲突时，对当下的情绪保持觉察 / 172	
练习十九	你的正念有多强？/ 189	
练习二十	透过书写，直探你的想法和感受 / 196	
练习二十一	列出你欣赏的特质，朝此目标迈进 / 206	
练习二十二	找回你的本质 / 207	
练习二十三	认清你的盲点 / 228	

无所不在的"被动攻击"

"喔,他是被动攻击的高手,超会摆臭脸的!"当别人的言行举止令我们恼怒时,我们常会粗略地用"被动攻击"一词来形容对方。确切来说,被动攻击的行为不止一种,从无声的抗议到充满敌意的挑衅不一而足。基于不明的原因,对多数人而言,在人类所有的特征与行为中,被动攻击都是最棘手的一个。我们每天都暴露在某种程度的被动攻击之下,它渗透进公私领域各种不同类型与程度的人际关系和人际沟通中。无论它是我们自身的特质,还是周遭别人的标志,多数人对它都不陌生。在某些家庭里,它可能是一项传统;在某些组织中,它可能是一种行规;在某些环境下,它甚至可能是常态,而不是例外,并对最基本的互动与关系造成破坏。它可能成为某个人根深蒂固的行事作风，不是因为这个人故意要难相处或难捉摸，而是因为很多人学到他们能用这种方式满足自身需求（在某些情况下，甚至就是得用这种方式才能达到目的）。被动攻击实在是很棘手又复杂的一种心理机制。

幸好，安德烈娅·布兰特接下了处理此一课题的挑战。一开始，我之所以找她为"心理健康八把钥匙系列"写一本书，是因为我知道她在愤怒管理领域的响亮名声。她是一位炙手可热的专家，上过无数谈话性节目。她有数十年的实务经验，致力于教导大众认识自己的愤怒，并学会更有效的表达方式。她不评判被动攻击的人。她指出愤怒本身是一种不见容于社会的禁忌，被动攻击则是源自这种禁忌的文化困境。无论是在家庭里、职场上，还是在我们的朋友圈，由于愤怒普遍不被接受，相对于直接表达，拐弯抹角就成了许多人更为熟悉的策略。

很多人都会谴责把被动攻击当成沟通方式的人，布兰特则以同理心看待他们左右为难的处境。她揽住他们的肩膀，让他们知道要如何更有效地说出自己的想法、满足自己的需求。布兰特先以读者会觉得很熟悉的情境举例，有技巧地指出被动攻击的特征，并赋予被动攻击清楚的定义，接着再提出八把改变的钥匙（第一至第八章），将被动攻击化为有效的沟通与坚定的自信。透过引人入胜、一目了然的案例，辅以培养洞察力与传授实用技巧的练习，你将学会如何用清楚明白的沟通和有效的自我表达取代被动攻击的习惯。被动攻击者身边的亲朋好友与同事也能得到帮助，学会应对令人既沮丧又恼怒的情况。在这本书中，布兰特将身心、正念、界限、情绪和思绪等最为密切相关的点连成线，提出一套全面改变被动攻击模式的办法。每读一页，我都觉得更能同理及善待我自己乃至其他人的被动攻击模式，同时又为自己补充处理人际互动棘手状况的工具。

读者们会发现，《你生气，为什么不明说？生闷气、摆臭脸、说反话，愤怒情绪下的被动攻击》是一本引人入胜、深入浅出、富有启发又抚慰人心的好书。它专为有被动攻击倾向的人而写，但不只对他们有帮助，也对他们周遭的人有助益。此书的写作风格平易近人又令人着迷，对"心理健康八把钥匙系列"而言犹如锦上添花。我觉得自己受到照顾、理解、启发与帮助，相信你也会有一样的感觉！

芭贝特·罗斯柴尔德（Babette Rothschild）

嘴上说没事,其实心里很有事

下班后,开车回家途中,莎拉兴奋地想着她和老公汤姆的周末计划。他们打算开车到山上,悠闲地过两天山居生活。除了放松一下,也希望能浪漫一下。前几个星期,莎拉为了赶进度加班加得很累,她真的很期待跟汤姆去度个假。

一进家门,她就发现汤姆留下一张字条,上面写着:"我在吉姆家,晚点回来。"莎拉一边等汤姆回家,一边开始打包行李。时间一分一秒过去,莎拉越来越生气。他们说好要在晚上八点之前出发,这样星期六一早就能在度假村醒来,迎接整个周末假期。

最后，晚上十一点左右，汤姆若无其事、悠哉悠哉地回到家里。刚结婚时，如果碰到诸如此类的状况，莎拉会直接跟他当面对质，但她已经学乖了。她要是发脾气，老公只会拂袖而去。她尽可能冷静地提醒他这周末的计划，而他只是耸耸肩说："我突然有事要做。如果你真的想去的话，我们可以明天一早再出发。"

对莎拉而言，他这话犹如一记耳光。她想起自己加班晚归时也用过一样的说词，不禁怀疑汤姆是不是故意用这种方式激怒她。她压下怒火，吞下被刺伤的感觉，说道："喔，如果你真有这么重要的事情要处理，我也不想妨碍你。你要是没时间，我们可以取消计划。"

现在，我们从汤姆的角度来看这件事。

汤姆比莎拉早回家——不都是这样吗？她的工作比他的工作重要多了，她赚的比他多出一大截。汤姆坚称他不在乎这种落差，但莎拉老是不在家，他心里难免不是滋味。这五六个星期以来，他难得见她一面。现在，她终于有一个周末可以陪他，她却想由她买单，跑去什么华而不实的度假村。汤姆压根不想去，但又不想拒绝她，毕竟是她要买单。

等她回家时,他在家里东看看、西看看,想找点事来做,结果看到几件应该要还给邻居的工具。他留下一张简短的字条就去找邻居了。吉姆请他喝啤酒,他们聊了起来,接着电视上播起篮球赛,汤姆就忘了时间。

回到家后,他发现时间很晚了,莎拉一脸不悦——就跟他老妈一样。他不明白这有什么大不了的,她自己也常常晚上不在家啊。这样他们还能省下一晚的住宿费呢!她有什么好不高兴的?

表面上,莎拉和汤姆看起来既文明又讲理,但内心里,双方显然怀着强烈的敌意。汤姆的行为具有被动攻击的特征:

- 莎拉的工作剥夺了两人相处的时光,他藏起自己对这件事的愤怒,甚至可能不知道自己很生气。
- 他没告诉莎拉他对度假计划的感想;他不想拒绝她。
- 或许不是故意的,他用晚上不在家的手段破坏了计划。
- 他察觉到莎拉不高兴,但他不明白她有什么好不高兴的。

莎拉还以颜色,为他俩的僵局火上加油。她知道自己很生气,但她小心地不流露出来。而晚归的汤姆一副满不在乎的态度,她不确定他心里在想些什么。她没有暴露出自己内心受伤的感受,转而选择了被动攻击的行事风格。她说:"算了,反正根本没必要去度这个假。"

事实上,每个人不时地都会以被动攻击的方式作为回应。**我们嘴巴上说好,心里其实觉得不好。因为愤怒在我们的文化中是一种令人避之唯恐不及的情绪,所以当我们感觉怒火中烧时都会有点不知如何是好。为了避免冲突,我们几乎什么都愿意做,就是不愿意暴露内心的感受。**对愤怒置之不理,它并不会自动走开,而我们却不明白或不承认这点。愤怒是一股需要抒发出来的能量,被动攻击行为则是一种破坏的手段,让我们既可以抒发愤怒,又似乎不必承担后果。隐而不宣的敌意一样能刺伤我们要对付的人,但我们的言行举止无可挑剔。我们相信自己的无辜,相信自己什么也没做错。

然而,许多人偶一为之的迂回沟通法,对某些人而言却是发展到极致的生存策略。本书针对的就是这些人,以及和他们共同生活、一起工作的别人。无论你是自己有被动攻击的毛病,还是在你的人际圈中有这样的人,我的目标是帮助你认识这种充满挑战的行为模式,让你的人生不再受到它的牵制。要想做出更明智的选择,认清它如何发挥作用就已成功一半。

在这篇前言当中，我们将探讨更多被动攻击的细节和来源。我会在接下来的八个章节中，帮助有被动攻击倾向的人以不同的眼光看待自己的愤怒，并用更直接的方式向他人表达你的需求。周遭别人可能会在无意间随之起舞，和你一起落入被动攻击的互动陷阱。针对每一章，我也会为周遭别人提供可靠的策略（本书所谓的"别人"，泛指配偶、伴侣、朋友、同事、老板、员工、父母、成年儿女或兄弟姐妹等任何与你有关的人士），帮助你们双方打破循环，开始采取有效的步骤，把被动攻击从生活中赶出去。

在很大的程度上，知识就是力量。但本书也会提供具体的练习，无论你在被动攻击的互动模式中扮演什么角色，这些练习都能用来改变你处理愤怒的方式，扭转它对你的人际关系造成的危害。我们这就开始吧。

辨识何谓被动攻击反应

萝贝塔和乔伊斯合住一户公寓。她们以共有的家用金购买杂货。为了省钱，她们每星期去量贩店采购一次。在量贩店买半加仑的鲜奶比在附近超市买两夸脱还便宜。

一天早上，乔伊斯想加些鲜奶到玉米脆片里，却发现纸盒里只剩一两匙鲜奶。萝贝塔正准备出门上班，乔伊斯问她："鲜奶怎么没了？"

"鲜奶没了吗？"萝贝塔说，"你知道我朋友杰克昨晚泡了热可可来喝，一定是被他用光了。不好意思啊！"

依个性而定，乔伊斯有四种可能的反应：

1."这样啊，如果你有脑袋，怎么不想一想……"乔伊斯一边说，一边把将近空了的鲜奶盒丢向萝贝塔，残余的鲜奶洒到她的裙子上，"杰克缴钱给我们当家用金了吗？希望他觉得'我的'鲜奶很好喝。"

2."没关系。"乔伊斯说，"我上班途中再买咖啡来喝。"当然，咖啡要另外花钱，而且她抗拒不了星巴克的司康，但她不想惹得萝贝塔不高兴。她说："祝你有愉快的一天。"

3.乔伊斯深呼吸一口气："看来我们要重新规划购物清单了，不然就是先在附近超市买一买，免得不够用。我们晚上讨论一下吧。"

4."喔，好吧。"乔伊斯柔声说道，"我找别的东西当早餐好了。"她想起架子上还剩最后一盒酸奶，那是萝贝塔的最爱。

老实说，当你面临类似的处境，哪一种反应最接近你的反应？这是一本关于被动攻击的书，但这四种反应只有一种符合被动攻击的行为模式。如果你自己有被动攻击的问题，或你之所以在读这本书是因为身边有这种人，那你可能一眼就能认出那一个选项。不过，且让我们先看看每一种反应意味着什么。

- 第一种个性带有侵略性。侵略性的反应通常是一时冲动，但背后的目的是要造成伤害。丢鲜奶盒的动作只带有温和的肢体暴力，但情绪上的暴力更恼人。无谓的侮辱及影射萝贝塔的男性友人就是一种情绪暴力。愤怒在此显而易见。
- 第二种反应的个性消极。做出消极反应的人不表达自身需求、不捍卫自身权益，往往是因为自卑，他们觉得自己比别人更微不足道。我们在这里看不到愤怒的痕迹，但很难想象一个人能够长此以往而不累积满腹怨气。
- 第三种反应的个性果决。光是深呼吸一口气的动作就说明了很多。乔伊斯感觉自己怒火中烧，她先经过思考才做出反应。在她看来，问题出在鲜奶的供应不当，萝贝塔的朋友只是刚好用了最后一些。他们的需求相互冲突，是时候好好讨论了。好好讨论才是积极正面、成熟负责的解决问题之道。
- 第四种反应是典型的被动攻击型人格。表面上看不到愤怒。到了晚上，萝贝塔在找她的酸奶时，乔伊斯会甜甜地说她总得吃早餐，而她只找得到那盒酸奶。萝贝塔怎能对她生气呢？就某个角度而言，乔伊斯只是拿回萝贝塔欠她的。但萝贝塔可能也会觉得被刺伤，尤其如果她和乔伊斯已是老交情了。

被动攻击者的行事作风

被动攻击又称消极抵抗，或隐形攻击，是以看似没有敌意的方式来表达愤怒的一种手段。由于没有一个定义能像实际举例一样生动厘清它的含义，我们不妨依序看看几个被动攻击程度越来越强的状况。

露西讨厌早起。为了叫她起床，她母亲总是喊了又喊，但她还是躲在被窝里假装没听到。事实上，露西很清楚她母亲何时会气呼呼地爬上楼梯敲她的房门，而她会赶在那之前跳起来冲进浴室。

听起来够简单的，对吧？小时候我们可能都有过类似的表现。或许是赖床，或许是大人讲了好几次，我们才关上电视去做功课。我们会乖乖照做，只不过做得拖拖拉拉。

我们用这种方式激怒爸爸妈妈。如同我们每一个人的母亲，露西的母亲每天一早就从被儿女的行为激怒开始。

我们来看看当被动攻击变得更严重一点的情况。

为了结束这种拉锯战，露西的母亲用了新的招数对付她。她告诉露西，从今以后她只会叫她一次，她要是不起床就自己去上学。也就是说，她要么得走路去，要么得等公交车。第二天早上，妈妈只叫她一次，露西就起床了。但她占用全家唯一的一间厕所，慢吞吞地刷牙洗脸。等她终于打开门时，全家人都聚集在门外。因为不能上厕所，大家的行程都被打乱了。露西伸伸懒腰说："我只是想照你说的做啊。可能我还没完全清醒，所以动作有点慢吧。"

在家人眼里，露西的拖延战术或许看起来是故意的，但露西可能不明白自己这么做的动机，她的出发点可能也不是要造成伤害。毕竟，她只是听从命令，而且她已准备好一套说辞。在这个案例中，我们看到被动攻击处世之道的源头。

我们再看看几年之后的露西。

电话响起时，露西看到来电者是她父亲的生意伙伴。她没让电话转到录音机，而是主动接起电话，提议帮对方留言。她父亲的生意伙伴说，明天一早不要到公司碰头，请她父亲直接去机场搭飞机，这样才赶得上一场重要的会议。露西提笔写下留言，甚至还问了班机时间。挂上电话之后，她把字条丢到她父亲放公文包的小书桌上，然后就去看电视了。

那天晚上，一家人共进晚餐时，她父亲的手机响了。和对方讲完之后，他气冲冲地挂断手机："露西，你什么时候才要告诉我更改航班的事情？"

露西抬起头来："更改航班？喔，对，你的搭档打来过。"

她父亲深呼吸一口气："他说是你接的，他还留了言。"

"是啊。"她说着朝父亲的书桌走去。"就在这里啊。"她弯下身，"哎呀，一定是你放公文包的时候掉到地上了。对不起啦。"她把那张仔细写好的字条交给父亲。

露西单纯只是粗心大意吗？还是因为父亲不让她和一些年纪较大的朋友去参加周六晚上的派对，她就用这种方式还以颜色？她的家人说不上来，露西本人可能也不清楚。反正她会确保父亲在上床睡觉前看到字条，对吧？尽管如此,这种袖手旁观的做法依旧是一种被动攻击的表现。

接下来的例子则不是袖手旁观,露西采取行动了。

露西现在上大学了,但不是她想上的那一所。她想上的在另外一州,那所大学的校园很酷,还有很棒的足球校队。爸妈说那里的学费太贵,他们付不起。她只好上了这个离家两小时车程的学校,爸妈说这里的学费他们"勉强可以应付"(而那还是在她母亲被辞退之前)。他们给了她一张信用卡,用来支付学校的花费,于是她把这张卡刷爆,买了一台新的笔记本电脑。她告诉爸妈说教授"要求每一位学生都要有笔记本电脑",即使她脑袋里盘算着一堆除了课业以外的用途。她可能认为那张信用卡是父母向她求和示好的表现,因为他们逼她去上她心目中第二顺位的学校。

到了这时,露西已经深深陷入被动攻击的模式里了。尽管她的父母可能觉得这是一种报复的举动,露西却可能认为她有权拿她应得的。她的被动攻击也展现在其他的人际关系上。

露西的室友佩妮长得很漂亮,她有一件浅桃红色的毛衣,她穿起那件毛衣来格外动人。露西"借"来穿，不知怎的洒了红酒到毛衣上。她把毛衣丢在她自己的衣柜底部，毛衣就这样放了几天，直到室友要去参加联谊找起这件毛衣来，露西才说："喔，天啊！我本来想送去洗衣店，趁你还没看到就弄干净的。真的很抱歉。"

　　关于被动攻击这件事，我们来看看露西的人生告诉我们什么。

　　以最轻微的形式而言，我们可能在自己身上看得到被动攻击的痕迹。我们都会口头上说好，结果却反其道而行来吐露内心真实的感受。举例而言，在购物商场，我们拿了慈善捐款的表格，然后就把它丢在车上。我们同意要帮学校的活动做准备，但这件事不知怎的就被排到待办事项的最后一项。我们答应要做某件家事，但却玩得浑然忘我，把家事忘得一干二净。

　　在诸如此类的情况中（至少就多数而言），被动攻击的关键要素不见了。这个消失不见的关键就是"愤怒"。妈妈每叫她起床一次，露西就更心烦一点，但她表面上保持冷静，即使妈妈的嗓门越来越大。讨厌的老板交代了讨厌的任务，员工就把老板交代的东西放在文件匣的最底部，或是老公每次去买东西都忘记太太交代的购物清单，这些都跟露西的例子有异曲同工之妙。

　　在占用厕所时，露西的敌意较为明显，但也并非开诚布公。在被动攻击的这个阶段，当事人即使明显尽了全力按照别人的要求去做，却仍能成功把事情搞砸。比方杰克乖乖洗碗，但在过程中打破了两个杯子，他为自己开脱道："我只是有点笨手笨脚。"

"疏忽"是被动攻击的另一面。露西知道那通电话留言对她父亲很重要。不管实际上是不是她把字条丢到地上的，她反正没特别请她父亲注意。被动攻击常常表现在忘记传递讯息或采取相关措施上，因为你对某人很生气，而你知道那个人会因此受到伤害。

被动攻击也包括报复行为，像是露西把信用卡刷爆，但请注意，她自认有资格拥有那台笔记本电脑。她不认为买那台笔记本电脑是故意要攻击她父母的痛处。

你可能会问：人怎么会这样？

首先，身为一个阅人无数的心理医生，我可以告诉你：说真的没有"劣根性"这种东西。

我再重复一次：**没有天生的坏胚子、坏小孩、坏人。做出被动攻击的行为不代表你是坏人，隐藏在这种行为背后的愤怒也不代表你心很坏。**然而，我刻意挑一个孩子／青少年来举例，是因为被动攻击的根源通常来自人格养成的时期。

我也想补充一点：尽管前述行为绝对不是可以接受的行径，但我对露西和她既困惑又气恼的父母一样心疼。直到露西明白自己的行为有问题之前，她还会继续伤害其他人,而我对她和这些人也都一样心疼。不管是对本人还是周遭别人,被动攻击都是人际圈中的一个问题。这种偏颇的生存策略常常造成破坏,本书的用意是要帮助双方一同摆脱它的不良后果。

我们来看看被动攻击的根源何在,以便了解像露西这样深陷其中的人。

被动攻击是怎么开始的?

被动攻击是一种应对机制。当人觉得自己无能为力,或者当人害怕招致不好的结果(例如造成双方的冲突或决裂),这种应对机制就启动了。无怪乎被动攻击的行为源自幼年时期,儿时的我们多少都对控制自己的人生无能为力。

我们依赖父母或监护人供应衣食住行等基本需求。法律规定我们要上学。在学校,我们每天的生活多少都受到课表的支配。理想上,孩子觉得父母或监护人能满足他们身心双方面的需求。成长过程中,他们生活安定,受到照顾与保护,对家庭有归属感。他们学会信任,并懂得情感交流。在家庭与学校之间,他们培养自身的技能及随之而来的自信。经由受到照顾,他们也学会照顾他们在乎的人。

然而,并不是每个人的成长经验都这么美妙,甚至绝大多数人都不是这样长大的。有些家庭里的人际关系可能直接导致被动攻击的行为，有些家庭则间接鼓励了这种行为。

被动攻击是怎么开始的？以下是一些可能的情况。

1. 强势 + 弱势 = 被动攻击

如果父母其中一方很强势、另一方很弱势，孩子几乎难免都会有点被动攻击的倾向。父母当中弱势的一方可能会用被动攻击的方式对付强势的一方，不知不觉间就为孩子树立了绝佳的榜样。被动攻击的妈妈背着爸爸买零食给孩子，然后交代孩子说："我们不要告诉你爸。"孩子从中学到不能直接和强势或易怒的人硬碰硬，但可以为了得到你想要的而对他们说谎或保密。

弱者几乎难免会对强者心生愤怒和敌意，而弱势父母不诚实的沟通甚或蓄意破坏的举动，孩子也可能参与其中。终其一生，在面对权威人物时，被动攻击的孩子对强势父母的愤怒或报复渴望，可能一直潜藏在他们内心深处，不自觉地影响着他们的应对方式。

早年接触的其他人也可能为被动攻击行为提供角色模范，例如比较年长的哥哥姐姐和亲戚朋友。隐藏负面感受的社会文化也是被动攻击的成因。

2. 得不到接纳

为孩子订立标准是为人父母的一大要务。父母订下的标准要能推动孩子的成功,并将孩子的观念和行为塑造得有助于他们成年后的待人处事。然而,不切实际的标准却可能导致孩子以被动攻击来回避他们自认达不到的期望,以及因为失败而引来的责难。

此处的差别在于"好行为"和"好孩子"。孩子需要知道就算没考一百分,就算玩得浑身脏兮兮,就算丢棒球打破了窗户,就算和街上的孩子打架,父母还是爱他们。

面对过分严厉的父母,孩子很快就学到他们必须处处配合,时时讨人欢心,让人觉得跟你相处很愉快。保持这种假象的压力会对孩子造成很大的焦虑,并引导孩子把被动攻击当成处理自身需求的管道。

3. 自卑

近年来,我们渐渐认识到自卑可能为人带来无所不在的问题与危害,不管有没有证据支持这个人对自己的评价。人对自身才智与能力的评估,往往跟客观的事实没有关系。就算不是来自加里森·凯勒那座"孩子个个资质过人"的乌比冈湖镇[1],每个人在小时候都该学到自己总有能为社会做出贡献的价值与天赋。

如果从没学到这一课,孩子长大之后可能会老觉得自己

---

[1] 乌比冈湖镇为美国幽默作家加里森·凯勒(Garrison Keillor)笔下虚构的小镇。在这座小镇上,男的帅,女的美,孩子个个资质过人。心理学上由此衍生出"乌比冈湖效应"一词,用来指自我评价过高、自我感觉良好。

是个配角或备胎。在人际关系中，他们自认不配提出要求，认为自己的需求不配得到满足。他们可能变得越来越依赖被动攻击的策略，尤其如果他们发现这招有效。他们不只借此得到自己想要的东西，也借此握有他们自认握不住的力量。

4. 掩盖负面情绪

我们的社会是一个对"快乐"走火入魔的社会。一代人的"欢乐时光"主题搭配着另一代人无所不在的笑脸。我曾问过一位来自印度的年轻研究生有没有受到文化冲击，他说最令他困扰的莫过于"你好吗""我很好"的制式问答。问话的人并不是真的想要知道你好不好，"很好"是他们预设的标准答案，就连"还好"都令人错愕。

从寂寞、愤怒、伤心、焦虑到恐惧，我们所有的负面情绪都该藏在抽屉深处，眼不见为净。我们不流露自己的负面情绪，也不想看到别人流露他们的负面情绪。我们一次又一次把情绪藏好，藏到自己压根忘了它的存在。我们告诉自己：我"当然"很快乐。

被动攻击是一副好用的面具，我们可以用它来掩盖所有不被接受的情绪。如果掩饰得够好，我们甚至会忘记面具后面藏了什么。

5. 畏惧冲突与害怕失去

即使双方都很理性，而且经过深思熟虑，表达的方式也客气有礼，但就算只是单纯的意见相左，人在面对冲突时还是会很不自在。人生中，在和对我们而言很重要的人相处时，畏惧冲突的结果就是长期忽视或掩饰人我差异。

在这种情况下，藏在冲突背后的恐惧是深怕一旦起冲突就会导致决裂。我们不表达自己的感受，因为我们直接跳到"只要意见相左就会引起冲突，而任何冲突都会危及我们的关系"的结论。相对于冒决裂的风险，把嘴巴缝起来（想想这个比喻有多疼）还比较容易，于是我们选择保留自己的想法。长远来看，保留自己的想法对维护双方的和谐并没有助益或帮助不大。一旦人和人之间不分享彼此的想法和感受，这份和谐只会在不知不觉间受到侵蚀。

6. 童年受虐

无论是受到肢体暴力、精神虐待或性侵，有些受虐儿会复制施虐者的暴行，成为逞凶斗狠的青少年和残暴的成年人。有些受虐儿则终生落入消极受害的循环，成年后不断在类似的情境中重演儿时的受虐经验，然后总是期望会有一个不同的结果。交了一个又一个施虐男友的女性就是一例，虐待的关系是她唯一知道的一种关系。

被动攻击提供了一个不那么直接且看似比较安全的应对

之道。因为害怕自身的需求会招来愤怒和暴力的反应，这些孩子学会了以迂回的方式操纵他人，达到满足自身需求的目的，而他们的畏惧不是没有理由。最重要的是，他们学到权威人物有"表现"愤怒的霸权。他们认识到自己对周遭环境中凶恶的大人无能为力，于是他们压抑住自己的激烈情绪。这些受到压抑的感受，经过某种心理机制演变成怨恨、愤怒与复仇的有毒情结。这一切可总结为一句幼稚的威胁："走着瞧，总有一天我要你好看。"

在孩提时期，被动攻击的策略一旦奏效，这种策略就有可能变成根深蒂固的应对方式，

一直延续到成年后和伴侣、朋友、邻居、上司、同事的关系上。它成为处理人生一切大小事的固定套路，尤其是在面对权威人物时，即使对方并未构成威胁。

7. 受到压抑的愤怒

由于愤怒的表现在我们的社会普遍不被接受，使得孩子在很小的年纪就学会压抑愤怒，或至少学会避免公然发怒。他们压抑得很成功，甚至到了再也察觉不到自己在生气的地步。

就许多方面而言，受到压抑的愤怒是藏在本书所述各种情况背后的主题。我们不难理解受虐儿为什么会心生愤怒，但受到专断独裁或吹毛求疵的父母支配的孩子、好像怎么做都不能令人满意的孩子、老是觉得自己不如别人的孩子，以及父母总是忙得无暇顾及儿女需求的孩子，也都有可能

心生愤怒。当我们畏惧冲突时，我们真正畏惧的其实是冲突可能引发的愤怒。

隐而不宣的愤怒是被动攻击行为的症结，我们会在第一章详加探讨。在此，我想做的是开辟一条路径，循线追溯被动攻击的源头。**现在我们找到源头了：藏在内心深处的愤怒是连结各种被动攻击行为的线索，也是打破这种习惯的关键。掌握到这个关键方能改变人生**，让你在未来的人生中能够平静而有效地表达内心的感受与需求。

给别人的建议

截至目前，我都把焦点放在表现出被动攻击行为的人身上，但对设法要和他们好好相处的别人而言，我们在这里谈到的一些情绪问题也一样令人困扰。

多数人都带着小时候的坏习惯长大成人。即使是对情绪最健康、最稳定的人而言，和被动攻击者交手也是一场苦战。然而，在许多情况中，别人的人生经验和行为策略反倒让情况变得更复杂或更恶化。他们自身的个人经历和情绪选择，使得他们成为助纣为虐的帮凶。

在你的原生家庭里，如果父母其中一方以被动攻击为手段，你可能很难认清发生在你身上的情况并不"正常"。如果你总是竭尽所能讨好父母，那么你在目前的人际关系中可能也花了很大的工夫在讨好别人，但却一无所获。怀着自卑的心理，你可能觉得自己顶多只能得到这种结果。更有甚者，你可能觉得自己活该受到这种对待。

如果你身边有一个惯于被动攻击的人，你可能因为害怕开启冲突的大门，以致不敢挑战这个人的行为。然而，在此同时，你自己心里的愤怒却越积越深。要不了多久，你们之间的关系就可能陷入僵局，前述莎拉和汤姆的情况便是如此。

本书如何提供帮助

你和别人的关系受到被动攻击危害的一大征兆，在于你们发觉自己落入沮丧无力、原地踏步的循环中。你们双方都不快乐，你们两人都很生气，但你们彼此都不知道如何打破既定的不良模式。这本书旨在帮助你们指出问题所在、了解你们怎么会落入这种处境，并开始采取有助于表达内心感受的做法，以你们双方都渴望的爱来贴近彼此、互相拥抱。本书案例综合了我辅导的对象和其他我认识的人，他们的故事生动地呈现出被动攻击对人际关系的影响。书中的练习可助你辨认问题出在哪里，并有助你改变自己的人生。

第一章　正视压抑的愤怒

问题不在于你是否生气。你就像所有人一样都会生气，而把这股正常的情绪藏起来不是解决之道。无论你是自己有被动攻击的倾向，还是身边有这样的人，愤怒是来自于情绪我（emotional self）的一份大礼，花时间倾听它的讯息能改变你的人生。

第二章　厘清情绪底下的思维

有被动攻击行为的人常常都在告诉别人自己的想法，却不表达自己的感受，结果搞得别人对他们的感受很困惑。无论你属于何种情况，你都能从亲近内心真实的情绪获益，但在那之前，你必须厘清是哪些不自觉的心念在主宰你的人生、引导你走上被动攻击的道路。唯有如此，你才能揭开自己真实的情绪。

第三章　倾听身体的讯息

为了帮助你接近自己真实的情绪，我们要向你的身体求教。你的身体蕴含大量的情绪资讯，而且它从不说谎。你要做的只是开始倾听身体的讯息。感官知觉是身体的主要语言。正念是关照知觉与情绪的一种技巧，能助你揭开自己的感受，并开始据以行动，如此一来，你才能拥有掌握人生的力量。

第四章　设下情绪的人我界限

情绪的界限对我们的身份认同来说不可或缺，而把被动攻击当成生存策略的人常常界限模糊。在他们身边的人也需要找到办法维持自己在这段关系中的稳定与安全。在每一段健康的关系中，双方都需要认同自己又尊重他人。第四章有关界限的探讨，有助于修复对自己的认同与对他人的尊重。

第五章　明确而坚定的沟通

被动攻击是一种极尽迂回之能事的策略，而当你不直接提出要求，满足自身需求的机会就随之大大降低。你和你身边的人可以学着克服这道存在已久的障碍，开始坦诚地与彼此相处，结果将使你们的关系更和谐也更亲近。

第六章　容许建设性的冲突

如同愤怒，"冲突"也背负着不应背负的污名。要想拉近距离并确保内心没有未能抒发的愤怒，办法在于肯定人我之间的差异，并以诚实但能将心比心的冲突化解歧义。这可能是强化人际关系唯一的途径。

第七章　拟定具体改变计划

不管是有意还是无意,被动攻击者对别人造成了很多伤害。为这份伤害负起责任,学会在互动过程中以正念观照自己和别人的感受,如此可为你们的关系带来前所未有的体察力、同理心和有意识的爱护之举。

第八章　不再姑息被动攻击

被动攻击实际上是本人与别人一搭一唱的结果——本人采取了这种策略,而别人选择迁就,无形中就成了帮凶。事实上,别人常有需要修复的童年创伤,这些创伤让他们的关系更岌岌可危。透过第八章,你将学会以健康地表达负面感受来取代妥协迁就。

将这些改变人生的钥匙融入你的处世之道,是需要付出与努力的。天下没有不劳而获的东西,何况是这么有价值的东西。被动攻击成性的人(以及在他们身边的人),必须从心理上和人格上将根深蒂固的习惯连根拔除。

落入被动攻击模式的人比谁都清楚后果有多痛苦,就连关系和你最密切的人都没你那么痛苦。**为自己挺身而出、表达内心真正的感受、为自己的需求提出要求、让自己活**

得更满足，该是多大的喜悦！你可以拥有这份喜悦。

至于和被动攻击者关系密不可分的别人，你可能常常觉得他们的行为令人既困惑又无奈。如果你要和他们相处下去，那么你们之间有一个值得努力的地方。被动攻击是横在你们之间的屏障，是这道屏障让你们的关系无法更亲近。但如果有心改变，人是可以改变的。你们可以同心协力，瓦解被动攻击的模式，把它留在你们的过去。

Chapter
01

正视
压抑的愤怒

正视愤怒,是直探人际冲突根源,
并予以有效处理最好的疗法。

雪莉不明白到底是怎么回事。"每个人都对我很不爽，我不知道为什么。"她想着，"就像是他们集体决定组成'反雪莉党'。"最惨的是在家里。在雪莉看来，好像不管她说了什么，明明没什么大不了，她老公彼得听了就是很爆炸。

举例而言，彼得有一天说："我老板给我两张星期天芝加哥熊队的票，你大概不想去吧。"

"我当然想去啊。"雪莉说，"为什么不想去？"

"真的吗？"彼得说，"我以为你不爱看足球。"

"嗯……我不是很爱，但反正你有票啊。"

"那你为什么说'当然想去'？"彼得提高音量说，"你总是先说好，后来又借故不去。这次你是真的想去吗？"

"呃，是啊。"雪莉说，"除非天气太冷。天气太冷的话，我们也不好坐在外面看球赛吧。"

"雪莉，现在是芝加哥的十一月，当然会很冷啊！"彼得现在吼起来了，"算了！"他气呼呼地走出房间。

有些读者可能摸不着头脑，想不透彼得为什么气成这样。有些读者可能了然于心，点头如捣蒜。在被动攻击的行为中，愤怒扮演着主要的角色。**典型的被动攻击者心里不愿意、嘴巴上却说好，他们把自己的愤怒深深隐藏了起来。**小时候，他们学到发脾气是坏事。以雪莉来说，她有一对专制的父母，他们要的是附和与顺从，而雪莉把"服从"这一课学得很好。对别人而言，被动攻击的行为可能很令人恼怒。就像彼得一样，他们知道表面上的同意可能没有意义，现在毕竟是芝加哥的十一月。

我们来看看被动攻击行为如何影响雪莉人生中的其他部分。

近来，另一个似乎总是对雪莉很生气的人是玛丽安妮。雪莉一周在一家小服饰店工作五天，玛丽安妮是那家店的店主。雪莉觉得玛丽安妮对她的工作状况挑剔到无理的地步。就在前几天，玛丽安妮从试衣间那一区朝她大吼大叫，搞得正在和顾客谈话的雪莉很难堪。

店里只有三间试衣间，其中两间堆满了散置的衣物，有些还挂在钩子和衣架上，有些则从试衣凳滑落到地板上。

"我在帮客人挑衣服。"雪莉边说边朝玛丽安妮走去。

"那么客人要到哪里去试你帮她挑的衣服呢？"玛丽安妮叉着手质问道。

雪莉指了指空着的试衣间，说道："这里啊，我向来都会保持其中一间干净整齐。"

"那你觉得客人对丢在别间的衣服做何感想？我不是一小时前就请你把衣服挂回去了吗？"

"那位客人……"雪莉的话说到一半。

"那位客人就交给我。"玛丽安妮说，"你把你制造的烂摊子收拾干净。"

雪莉转身去收拾，心里觉得难堪极了。

被动攻击行为也可能成为其他人际关系的特征，尤其是在面对上司之类的权威人物时。杂乱的试衣间可能是雪莉工作量过大的结果，但这是她需要和雇主协商解决的问题。也有可能雪莉比较喜欢协助顾客，所以她往往会先搁置其他事务，等她忙完了再去处理。玛丽安妮那句"把你制造的烂摊子收拾干净"，可能呼应了雪莉的母亲曾经对她说过的话，难堪的感觉伴随着儿时的回忆，暴露出愤怒的根源。

在我们的社会中，愤怒的表现普遍不被接受。多数人在

小时候都学到要不计代价"控制"情绪。社会鼓励我们以和为贵，压抑自己的感受。我们把愤怒的情绪和失控、暴力、罪恶等联想在一起。别人甚至会对我们说："不要生气！"就仿佛愤怒的感觉本身是错的。久而久之，要是我们够压抑，到头来我们可能甚至意识不到自己在生气，因为我们把愤怒藏在理智的背后，藏在其他较能接受的情绪背后。多数人怀着对愤怒或冲突的恐惧长大成人。我们纯粹就是不知道该如何面对愤怒，而愤怒对我们的身体来说无疑是种很不舒服的感受。

对于把被动攻击策略当成处世之道的人来讲尤其如此，隐藏起来、压抑下去的愤怒是他们的行为模式的核心。长期处于被动攻击关系中的伙伴或伴侣往往也有这种特征。在一段关系中，如果双方都不知道如何表达愤怒，沟通的管道很快就会堵塞，两人间便不再存在真正的沟通。

那么，有什么别的办法可想？相对于逃避或压制，我们需要和愤怒的感觉相处得够久，久到能够明白它想传达什么讯息为止。对许多人而言，这意味着认识到自己在生气，接着找出生气的原因。我们在其他章节会再探讨相关课题，第一章的重点在于学会接受愤怒，把愤怒当成可能对我们的健康快乐有益的贡献者，并学会辨认那些代表我们很生气的知觉和感受。**首先，我们要探讨愤怒是一种良好情绪的可能性。**是的，你没看错，愤怒是一种"良好"、"必要"的情绪。

练习一 倾听愤怒的声音

1. 找一个可以让你安静十五分钟而不受打扰的地方,一个让你觉得既放松又安全的地方。

2. 舒服地坐着,上半身保持挺直,双脚踏地,不要跷脚,手臂自然垂下。一分钟过后,闭上眼睛,深呼吸几口气,边吸气边数一、二、三,接着吐气数一、二、三。反复吸气、吐气,直到你感觉心情平静,脑袋放空没有杂虑。

3. 首先注意一下你的知觉和感受。你累吗?快乐吗?焦虑吗?接着开始思考生活中有哪些地方让你生气。有些愤怒的来源可能立刻就浮现,像是把收音机开得太大声的邻居,但请多给自己一点时间,体会平常意识不到的情绪来源。你可以和自己说话,自言自语是没关系的。

4. 细细回想你在一天当中各方面的经历,从婚姻、家庭、工作到上司、同事、下属,及至于邻居和社区活动。你的愤怒来自何处?

5. 写下浮现在脑海里的任何影像或话语。无须想得太用力。重点不在于你想到什么,而在于你有什么感受。放松下来,敞开心胸,迎接内在之眼看到的画面。

十五分钟结束，回顾你写下的清单，有没有什么新发现？有没有出乎你意料之处？特别注意那些让你不安的地方。接下来在阅读本书的过程中，这些不安之处有可能为你提供一些重要的线索。随着你对自己的知觉、感受和思绪的觉察力越来越强，这会变成一个你想一再重温的练习。

生气不是坏事，你也不是坏人

了解并克服被动攻击行为的第一个关键，在于肯定愤怒是一种健康、正常的情绪。愤怒是安全、有效、必备的人生指南针。你对愤怒或许存有一些把你局限住的迷思，为能善用这项工具，你必须先挣脱那些迷思。或许你认为只要生气就代表你"不好"。你可能不愿回想某些能够说明你为什么会有被动攻击行为的童年经验。你也可能不认为自己有什么愤怒的情绪。

如果你有诸如此类的迷思，我希望你能把它们抛开，以开放的心胸阅读本书。以下是其他一些关于愤怒的迷思。

迷思：你得有一副好脾气，否则大家不会喜欢你。

真相：如果你总是一团和气，大家会开始怀疑你真正的想法，也可能因此变得不信任你。

迷思：生气很危险，你会失控地伤害别人，或做出让自己后悔的事、说出无法挽回的话。

真相：如果你学会如何回应愤怒，你就可以免除发怒的危险。若是把愤怒积压起来，你更有可能一发不可收拾。

迷思：愤怒挑起令人痛苦不安和不愿去想的问题。

真相：除非把深层的问题摊开来，否则你只会越来越痛苦。随着时间过去，你的人际关系也会受害。

迷思：生气有百害而无一利。

真相：一旦明白自己为什么生气，你就能了解自己的需求，如此一来，对于接下来要怎么说和怎么做，你才能做出审慎的抉择。

迷思：愤怒是人际关系终结者，我不想落得众叛亲离。

真相：当你能够检视自己的愤怒并予以审慎的表达，你就为更良好的沟通与更亲近的关系开了一扇门。

这些迷思很多都和愤怒对人际关系的冲击有关。迷思是只要我们去感受内心的愤怒，结果一定就是大发雷霆伤及身边的人。在我们的文化中，"以和为贵"的重要尤其受到过分强调。从小我们就被教育跟谁相处都要和和气气，不管是对外婆、对叔叔、对其他小朋友、对我们的老师……这份名单没完没了。

选择被动攻击的人得出"发脾气就没人喜欢你"的结论，而他们迫切渴望被喜欢、被接纳，这就是为什么他们特别害怕对身边的人生气。他们不要身边的人离他们而去。他们害怕一点点的愤怒与冲突都会结束这段关系。

我想在此提出：**愤怒真的是打开亲密之门的钥匙。当我们允许自己感受内心的愤怒、解读它所蕴含的讯息，我们就能从中得知自己需要什么才能感觉幸福与被爱。**借由把这份认知和身边的人分享，我们虽然暴露了自己的弱点（而这么做可能感觉很危险），但也是在邀请那个人更深入地了解我们。

有太多的人际关系是爱上假象的关系，每个人爱上的都只是自己心目中的别人。真相有时可能令人很痛苦，但这是让人爱上真正的你唯一的途径，也是让你爱上别人的真我唯一的途径。

你害怕表现出你的情绪和感受吗？

隐藏起来的愤怒有许多后果，但我们的主题是被动攻击行为，所以，你要如何知道自己在用被动攻击的策略表达藏在心里的愤怒？或者，你要如何知道自己正面对一个用被动攻击表达愤怒的人？当愤怒隐而不发，看不见的线索就是最好的线索。如果你很少生气或觉得愤怒，你绝对应该想想自己有没有可能落入了被动攻击一族，并且特别注意我们接下来要讨论的线索。为了评估你或别人（再次强调，我所谓"别人"指的是任何和你有关系的人，包括配偶、老板、同事、员工、朋友或亲戚）是否有积压在心的愤怒和被动攻击的倾向，请回答以下的问题。

你或别人是否有被动攻击倾向测量表

你（或周遭别人）是否：
- 有人值得或渴望受到赞美时，不愿给予对方赞美、关注或好评？
- 没能履行别人对你的要求？
- 在有要事必须解决时拖拖拉拉？
- 把拒人于千里之外当成惩罚的方式？
- 做一些搞破坏的小动作？
- 在讨论重要的事情时惜字如金？例如只以

"嗯"、"不知道"、"好啊"、"随便"作为回应？

• 以冷嘲热讽的方式回应人生、自己或他人？

• 常常觉得很沮丧、很失望、很烦躁，但有时又不到生气的地步？

• 负面看待多数情况，甚至是当一切都很顺利的时候？

• 常以琐碎的负面评价有意无意地伤害别人的自尊？

• 经常觉得忧郁，或长时间陷入忧郁？

• 从不说"不"（或总是说"好"）？

如果这些问题有任何一题你的答案是"是"，就可能意味着表达愤怒对你（或周遭别人）来讲是个问题。不用觉得内疚——这是可喜可贺的一件事，因为认识到你有表达愤怒的问题就是不再被动攻击的第一步。**对于解决问题而言，意识到问题的存在是不可或缺的一步，有时甚至是成功的一半。**握有这把钥匙，你将开始察觉到自己的愤怒情绪，或在周遭别人心生愤怒时察觉到对方的情绪。

愤怒是演化而来的健康情绪

身为生物的人类一直处于进化之中。我指的不只是生理方面，还有情绪方面。历史上，随着愤怒而来的爆发力帮助我们保有健康快乐的身心，也帮助我们表达需求与渴望。

以人类宝宝为例。不会说话、不会走动、拿不到想拿的东西，人类宝宝就放声大哭。这是愤怒的表达形式，很原始但很有效，通常会吸引别人过来安抚这个宝宝，并满足这孩子的需求。有些需求是生理上的，像是要吃、要盖被子、要换干净的尿布，但也有些需求是心理上的。宝宝需要觉得被爱，需要觉得自己和他人相依相系。不分男女，我们都感受过那股冲动——看到一个小娃娃，我们就想去抱他、哄他、逗他。这种基础本能确保人类宝宝得到心理上的慰藉，而心理上的慰藉对整体的健康快乐来说不可或缺。

随着我们渐渐长大，我们越来越能照顾自己的基本生理需求，但我们的心理需求还是一样。我们需要安全感和归属感。我们需要被爱、被接纳。我们需要正面的自我观感。我们需要活得有目标。我们的人生要顺着我们的潜能充分发展。只要有任何一个需求得不到满足，内在的机制就启动通知的功能，告诉我们哪里有所欠缺。这就是情绪的作用，尤其是愤怒的情绪。**我们的喜怒哀乐扮演着传递讯息的角色，为我们传递有关健康快乐的可贵讯息。**

我们来看看被动攻击如何在以下的例子中作梗。

> 隔着会议桌，安妮在她的搭档对面坐下。为了确保有足够的份数，她又检查了一次她为今天开会

搜集的资料。茱蒂是这次任务和她搭档的同事,她那里已经有一份资料了,所以安妮手上有足够的资料发给其他人,包括她的上司在内。她想借由这次报告让上司刮目相看,争取加薪的机会。

议程来到她们研究的主题时,茱蒂主动出去。安妮还来不及发下资料或开口说话,茱蒂已经站了起来,用她的iPad投射出PowerPoint简报档。茱蒂报告时,安妮很讶异听到自己的一些见解被提了出来,有时还一字不差地出现在投影片上。

茱蒂报告完,老板问安妮有没有什么要补充。她觉得很困窘,茱蒂已经把她要说的都说完了啊。"我想茱蒂已经把我们的研究报告得很完整了。"她说,"我这里有一些资料,如果有人有兴趣的话……"茱蒂挥挥手说:"当然,我已经把安妮的资料放进我的报告里了。"

安妮很气她自己。在大家眼里,她一定显得很蠢或很懒,或者又蠢又懒。永远不会有人知道她为这个计划投入了多少心血。会议一结束,她就溜出会议室,资料还夹在她的手臂底下,根本没有发出去。

安妮的心血被剽窃了。如果她回家撞见闯空门的小偷,或是有个头戴面罩的人要她交出钱包,她不会气她自己。她会认为眼前发生了一起犯罪事件。但在这个情况下,她不能打110。安妮必须充当警察捍卫自己。虽然她有权生气,但她的行为显示出以被动攻击避免冲突的应对方式。在开会时站起来大叫"我的心血被剽窃了",或许是正当的防卫,但是并不恰当,而且可能无济于事。相反的,安妮需要感受她的愤怒,并采取行动改善她的处境。

"我想,茱蒂的报告大致总结了我们共同努力的成果。当然,我们搜集了丰富的资料作为佐证,我也准备了一些文件让大家可以带回去参考。你们会在里面看到一些有趣的差异与细节。"

安妮没有批评或指责茱蒂的所作所为,只是点出她自己对这个案子的贡献,并且将证据提供给工作团队里的其他人,尤其是她的上司。

经由辨认并探索愤怒的感受,你不只能听到它所传递的讯息,还能借此改善你的处境。

练习二 撰写愤怒日记

连续七天,用日记本或笔记本监测你的思绪和情绪。在你觉得生气或不满时,记录你脑海中的念头,找寻导火线(是哪一类事情激怒了你),看看你在类似经验中的应对方式有没有任何模式可循,并探讨你采取或没有采取的行动。

举例而言,或许你借由压下怒火来忽视愤怒的感受,或许你顾左右而言他,以便分散自己的注意力,借此应付冲突。写日记时尽可能诚实,注意不要自我修改。把日记藏在没有人会发现的地方也能赋予你尽情抒发的自由。目标在于让你开始意识到自己面临不愉快的情况时做何反应。

情况:_____
_____

心里的感受/脑海里的念头:_____
_____

我采取或没采取什么行动:_____
_____

培养觉察愤怒的能力

我要重申我们每个人都会生气,而生气不代表你"不好"。只不过在某年某月的某一天,你学会用不健康的方式表达愤怒。一旦明白你并不是天生就很坏或人格扭曲、身心不健全,你并不是先天社交失能或有社交缺陷,你就可以将自己从习惯的魔掌中解救出来,开始按照自己的心意做出新的选择。

我的愤怒习惯源自何处?

想了解藏在心里的愤怒和被动攻击的反应,就要知道这种策略是怎么形成的。回避愤怒与冲突的策略往往可追溯至童年经验。童年是学习的关键发展期。一如我们所见,被动攻击的待人处事之道就奠定于这个时期。孩子经由众多管道吸收信息,但家庭是塑造思想、观念和行为最直接的环境。一般而言,家庭处理愤怒的典型方式有三种类型:

1. 回避型
2. 火爆型
3. 健康型

并不是每个人的类型都那么绝对,但从这三大类出发是一个很好的起点。你可以从这三类开始,看看自己的家庭是以哪一种风格展现愤怒的情绪。

- 基本上,回避型的家庭从不表达愤怒,也从不因愤怒和人起冲突。个性倾向于讨好他人的人,往往来自这一类型的家庭。他们只会展现快乐、安全的情绪，而且从不讨论不愉快的话题。

- 表面上，火爆型的家庭比较危险。家人动不动就乱发脾气，孩子学会把生气当成达到目的的手段。"爱"往往是透过冲突或火爆的沟通风格展现出来。
- 健康型的家庭展现出爱和冲突在人际关系中是可以并存的。人和人之间可能意见不合，也可能起争执，但同时仍保持信任与亲近，感情不会因此破裂。大家彼此尊重，朝解决问题、巩固关系的共同目标一起努力。

检视自己的家庭属于哪一种风格的重要性，在于我们会带着童年经验长大成人。我们在儿时形成既定的模式，成年之后继续沿用相同的模式，结果困住自己、伤害他人，甚至伤害自己。为能改变我们的行为，我们需知道自己之所以有这些行为的原因，因为持久的改变始于自觉与自主。我的意思不是要你归咎于自己的家庭背景，这么做完全没有建设性。但如果能认识到我们的问题是耳濡目染、自然而然养成的，就能减轻自我否定和内疚自责的感觉。

练习三　探究你处理愤怒的方式源自何处

在这个练习中，你要描述你的父母或养育你的人如何处理他们的愤怒，乃至于他们可能直接或间接传递了什么讯息给你，影响到你处理愤怒的方式。

1. 你的母亲如何处理她的愤怒？她的言行举止传递了什么讯息给你？你从中学到什么处理愤怒的方式？

2. 你的父亲呢？你从他那里接收到什么关于愤怒的讯息？他所传递的讯息如何塑造或影响你？

3. 有没有其他重要人物为你示范了处理愤怒的方式？你从他们身上学到什么东西，塑造了现在的你所用的模式？

幸好学习永远不嫌迟，包括学习健康的愤怒表达方式在内——只要你愿意忍受过程中产生的负面感受，并检视产生这些负面感受的原因。

辨认愤怒的线索

如果你对自己的愤怒表达障碍一无所知，有一些征兆可作为自我提醒的警讯。很少人知道在做出愤怒反应之前，总会先有冲动产生。一旦你能察觉到这股冲动，你就可以在心生愤怒的当下判断出自己生气了。有了这种自觉，你就有时间选择如何回应，而不是下意识地走上被动攻击之路。在被动攻击者周遭的别人也可以用同一张检查表，评估对方和自己。

1. 生理线索

如同所有情绪，愤怒是一股能量，证据就在于身体的反应。回想上次生气的时候，你是不是觉得慷慨激昂、活力满点、精神百倍？有可能。当我们的"战或逃"反应机制启动时，肾上腺素就在全身上下流窜。如果你已习惯了被动攻击，要辨认出愤怒的情绪可能稍微困难一点（因为你已经学会立刻压下怒火），但仍有一些心生愤怒的生理线索可循，例如：

- 肌肉紧绷
- 身体某个部位（下巴、脖子、双手）僵硬
- 感觉心脏好像往下一沉
- 没胃口
- 头痛
- 发抖或打战
- 感觉脸部或颈部发烫

2. 行为线索

- 来回踱步
- 指尖不断敲击桌面或脚步踩得很重
- 握拳
- 提高声量或改变音调

3. 情绪线索

- 急欲摆脱你所面临的处境
- 觉得忧郁、烦躁或内疚
- 在某人身边令你备感焦虑
- 在面对这个人时,你过分吹毛求疵或冷嘲热讽
- 你一心做出破坏或伤害的行为
- 你故意从中作梗或挑拨离间

4. 思绪线索

- 满脑子充满敌意的自言自语
- 幻想采取攻击或报复的行动
- 情不自禁地不断想着这个问题
- 持续和人争辩这个问题

练习四　找出你最主要的愤怒征兆

1. 回顾本章提供的愤怒线索，请不要漏掉任何一条，即使你很确定某一条说的不是你。

2. 回想一个曾经激怒你的情况，回忆当时的细节。你怎么知道自己在生气？

想起那件事会不会激起你身体上或情绪上的任何感受？会不会牵动你的思绪？你是否感觉颈部僵硬？是否觉得情绪低落？

3. 写下这些反应——它们就是线索。

4. 想想其他生气的回忆，重复步骤1到3，写下浮现出来的线索。

5. 接下来一个星期，在每天的例行作息中随时观察一下你的身体知觉、内心感受，以及脑海中的念头。你说不定轻而易举就能辨认出自己快要生气了的主要线索。

找到愤怒的主要征兆是掌握愤怒的基础，有了这个基础，你就能选择主动探索自己的愤怒，而不是被这股情绪牵着鼻子走。

与愤怒共处

当你出现诸如此类的愤怒征兆时，给自己几分钟，静静观察你的情况。在你周遭发生了什么事？你和谁在一起？他们说了什么激怒你的话吗？是什么话激怒了你？为什么会激怒你？许多引爆我们愤怒的导火线是在童年就埋下的问题。如果小时候别人让你觉得自己很笨、很丑、很懒（形容词任选），长大之后，每当有什么人事物唤醒旧有的负面回忆，你就可能继续产生愤怒的反应。当然，这些回忆很痛苦，但你要和它们相处得够久，久到能够认清它们的样貌，厘清它们的源头。

我知道这不容易。愤怒让我们浑身不舒服。种种生理迹象让我们觉得自己好像要诉诸暴力了——确实，愤怒来自"战或逃"的反应机制，所以它有一部分的作用在于让早期人类做好为保命而战的准备。时至今日，我们可能会有路怒症（road rage）的表现，开车时的暴躁情绪常常导致驾驶员做出鲁莽的举动。这不代表这种举动（或火爆的愤怒表达方式）避无可避，只要我们和自己的情绪相处得够久，久到足以认清它们的样貌，并找出它们的意义。

对自己所爱的人生气可能是最煎熬的事了。我们怎么能在爱一个人的同时又对他不高兴？不管是他做了什么、说了什么，或者没做什么、没说什么。人会生气纯属天性。为了建立深厚的情谊，我们需要知道彼此的罩门在哪里。唯有如此，我们才能诚实地把话说开，而把话说开有助于日后相处时对彼此的感受更敏感。**若是没有经历一些不愉快的情绪起伏，以及继之而来的真诚自省，改变和成长就不可能。**

面对被动攻击者，你可以给予正面回应

截至目前，我们已经讨论到有被动攻击行为的人，以及藏在心里的愤怒所牵涉的问题。然而，在被动攻击者周遭的别人，也面临着与被动攻击相关的问题。多数和被动攻击者相处在一起的人都说他们很困惑。长久相处下来，这个表面上那么可爱、随和、温顺、好相处的人莫名地令他们恼火，一开始他们可能还视若无睹或没有察觉，随着时间过去，隐而不显的愤怒越积越深，有时就难免没来由地爆发出来。举例而言，被动攻击者对某个要求的回应，可能是言不由衷的一句"好啊"，提出要求者听了就突然大发雷霆。除了困惑与愤怒，别人可能会对自己的反应和感受觉得内疚，甚至开始怀疑自己是不是情绪不稳。

最坏的情况是别人也跟着采取被动攻击的回应模式。想想以下的例子：

> 菲尔是一家营销公司里某个小组的组长，每周五下午三点是小组会议时间，而戴夫从没准时出席过。其他四名组员对会议时间多有抱怨，因为星期五下午三点，大家都想收拾办公桌去欢度周末了。但在一周的尾声开这个会有其必要，目的在于总结这一周，并为新的一周做准备。虽然戴夫不曾开口抱怨，但菲尔不禁要想：每一次都迟到十分钟是不

是他表达抗议的方式?没有他,真的开不了会。

戴夫的行为使得自己在小组中被孤立。其他人会一起喝咖啡聊是非、给彼此的工作反馈意见,甚至中午成群结队去吃饭,戴夫却总是在自己的隔间里埋头工作。每当戴夫开会迟到,又用他的老借口说刚好接到客户的重要电话,总有不止一位同事发出冷笑。

就在某个周五,菲尔心生一计。他请一位同事在看到戴夫离开座位时寄电邮给他。菲尔先不去会议室,他在他的办公室里等到那封电邮寄达,然后数到一百,再起身去会议室。

菲尔抵达时,戴夫正好刚坐下。菲尔刻意与戴夫四目交会,接着说道:"很抱歉我迟到了,各位。我接到一位客户的重要电话——就是刚刚和你通话的那位,戴夫,他说希望他没害你开会迟到。"

全场顿时哄堂大笑,大家都看得出来戴夫被摆了一道。戴夫羞得满脸通红,菲尔觉得他赢了一局。

但他赢了吗?或者他只是一脚踩进被动攻击的陷阱里?当周遭别人开始用被动攻击来抵制被动攻击者本人,被动攻击就变成一个没完没了的循环。没人把心里的话说出口,暗潮汹涌的愤怒开始成倍累积。

别人可能对自己的愤怒感到内疚，为了避免恶性循环的结果，别人需要抛开内疚，检视愤怒的源头。在第一章当中的所有练习，对被动攻击者本人和周遭别人都一样重要。**正视愤怒是直探人际冲突根源并予以有效处理最好的办法。**

练习五　检视你对被动攻击者的反应

1. 找一个可以让你安静独处至少十五分钟的地方。四肢放松，肩膀垂下，双脚踏地。

2. 深吸一口气，慢慢数到三。呼气，再次数一、二、三。重复到你平静下来，把今天要忙的事情都抛到九霄云外。

3. 专注在这一两天你和别人的互动上，首先浮现脑海的可能是那些令你困扰的情况。为什么你觉得困扰？你不确定别人的行为背后是什么意思吗？对方的行为是否感觉有敌意或很恶毒，即使表面上和颜悦色？

4. 回忆事发当下，感受一下自己是否觉得愤怒。

5. 现在，检视你做出的回应：

• 你是否觉得吵架很累，同意或说好还比较轻松？

- 你是否答应做某件事，但很快就忘得一干二净？
- 你是否原谅对方、置之不理、立刻抛诸脑后？
- 你是否一心只想离开现场？
- 你是否以刁钻、调侃或挖苦的方式作为回应？

只要任何一题的答案是"是"，就表示你可能是以如法炮制的手法在对付有被动攻击行为的人。

透过这本书，我希望能协助你们了解彼此互动上的症结所在，如此一来，你们就能一探隐藏在自己心里的愤怒，并找到表达的办法。被动攻击是一个巴掌拍不响的游戏，如果双方都学不会打破一来一往的循环，结果必然是双输的局面。这就是本书的重点所在。

为了协助你完成"正视愤怒"的重要功课，接下来的两章会更深入地检视这个过程。你的愤怒可以告诉你是什么限制了你，或你的人生少了什么——你只需要竖耳倾听它的声音。

Chapter
02

厘清
情绪底下的思维

儿时形成的心念
会掩盖我们真实的感受。

琳达和法兰妮是在纽约市近郊一起长大的邻居，念同一所幼儿园和小学，但童年的她们却活在截然不同的世界里。

琳达的家庭从小鼓励她勇于尝试新事物，就算她做得不好，家人也用爱来回报她的努力。父母总是告诉她，她是一个聪明伶俐的小丫头，她的积极主动和努力不会白费。所有孩子都难免受到处罚，但当琳达受罚时，父母会跟她解释她做错了什么，下次要怎么改进。成长过程中，琳达觉得碰到问题时可以向父母求助，她有父母可以依靠，父母不但愿意了解她，最重要的是他们很爱她。

就在同一条街上的隔壁几户，法兰妮生活在一个迥异的环境里。她的父母为人谨慎，他们总是告诫她"自不量力"的危险。她玩游戏或玩玩具（乃至于后来写功课）碰到了问题，父母就跟她说有些人天生就是比较笨,父亲有时会叫她"我的小笨瓜"。虽然父母给她一堆礼物,但每当她做错事,他们就大发雷霆,常常还会把礼物没收。如果她因此生气,他们就没收更多东西。礼物是她最大的安慰,法兰妮因此学会了掩饰她的过错,免得失去她的礼物。

你可能会很讶异,琳达和法兰妮小学时的成绩差不多。她们的学习风格不同,但两人的成绩都在中上。话虽如此,琳达后来去上大学,并在生物技术领域闯出一番事业。法兰妮觉得自己应该从社区大学念起,最后她读了两年的信息工程课程。

到了十八岁时,不管是对自己还是对这个世界,琳达和法兰妮的看法都是天差地别。琳达将权威人物视为鼓励者与帮助者。她有十足的自信,总是愿意迎接挑战,从中锻炼自己的技能、充实自己的实力。法兰妮不信任权威人物,她怕一旦承认自己的弱点或缺失,他们就会处罚她。她自认资质平庸,所以她对职业生涯的期望很低,并用新衣服来提升她的自信。

现在,我们想象一下她们要买一件新衣服,服饰店的女店员说:

"你知道,那件看起来还不错,但我也想看你试试别的。蓝色或许更能衬托你的肤色。我想我们有一件衣服正适合你。"

琳达听到的是：

"我觉得你穿另一件衣服会比较好看。"

她心想：

"还好有个称职的店员在这里协助我做决定。"

她很高兴接受帮助。

法兰妮听到的则是：

"你穿这件衣服丑死了，但话说回来，真正的问题在于你的肤色。你对衣服的品味很差。"

她心想：

"这女的以为她是谁？凭什么给我出主意？侮辱我嘛！瞧瞧她自己身上穿的！"

她感觉：

"她故意要让我觉得自己很丑。我知道我很笨，但我长得不难看。一旦有人侮辱我，我就会生气。"

从琳达和法兰妮的故事，你可以看到童年经验如何影响我们现在看待世界的眼光，以及我们对自身遭遇的反应。身体的骨架日渐茁壮，心理的骨架也在建构成形。终其一生，或至少直到我们沉淀下来，检视自己的想法和迷思是否切合实际之前，我们都用这副架构判断情况、做出决定。

你甚至可能不知道自己存有这样的迷思，而且你无疑不会认为它们是"意见"。然而，它们就是意见。我们不认为这套思考架构是我们所创，相反的，我们认为"事实就是如此"。对我们而言，这就是事实，如果有人不同意，那一定是这个人错了。问题是，有时候我们是错的。我们眼里的事实只是源自童年经验的观感，只是个人的心念而已。

事实与意见

事实	意见
事实具有客观的真实性，奠定于理性思考之上，经过数据的验证，人人都对事实有共识。	意见是主观的想法或判断，由个人经验和感受所形成，意见因人而异。
今天的气温是二十八度。	热过头了。 多好的天气啊！

我的大学入学考试成绩是六百二十分。	我很厉害。 一堆人比我更厉害。
珊蒂刚刚面无表情地走过我身边。	珊蒂在生我的气。 珊蒂目中无人到极点。 珊蒂好像有心事，不知道她怎么了。
我们约好一起吃晚餐，乔治迟到了。	乔治从来不守时。 乔治一定是打算跟我分手。 乔治搞不好出事了，我希望他没事。

导致一个孩子采取被动攻击的思想体系一旦立下基础，要不了多久，他们就会落入被动攻击的循环，这个人所有的人际互动都会受到影响。

这些想法和心念在我们的真实遭遇和我们对事件的反应之间作梗。美国心理学家阿尔柏特·艾里斯（Albert Ellis, 1913—2007）发展出一套 A + B = C 的公式来解释这种现象。在 A + B = C 的公式中：

　　A = 事件
　　B = 心念
　　C = 结果

显然，在这个等式中，你不是直接对事件 A 做出反应。你的心念 B 从中作梗，影响了你的结论和后果 C。

以琳达为例，女店员说的话 A 加上琳达的自信和她对于尝试新事物的意愿 B，带来了她很感谢这个建议的结果 C——或许也带来一件更适合她的衣服。

以法兰妮为例，女店员说的话 A 是一模一样的，经她低落的自尊 B 过滤，结果加深了她的自卑，也加强了她的愤怒 C。但她势必会把她的怒火压下去，因为童年经验告诉她，发脾气换来的是处罚。注意，法兰妮把稀松平常的一件事变成充满压力的情况了。当被动攻击机制从中作梗时，这是很典型的结果。对自身情绪的畏惧让人对问题或威胁提高警觉，结果是随时随地为各种情况制造压力。

现在，我们继续看看法兰妮和女店员之间的互动如何发展下去。

> 女店员："你知道，那件看起来还不错，但我也想看你试试别的。蓝色或许更能衬托你的肤色。我想我们有一件衣服正适合你。"
>
> 法兰妮："事实上，我喜欢这件的剪裁（她摸摸衣料），但我不确定它的质量。你们有没有款式类似但料子比较好的？"
>
> 女店员："那是我们最优质的一个系列了。当然，我可以拿别的给你看看。"
>
> 法兰妮："不用了，我再去别的地方逛逛。"

因为自我设限的心念而误解了女店员一开始说的话，法兰妮以贬低这家店的质量作为反击。这么做提高了她的自尊——她要让那位店员看看谁才是时尚专家。接着，当店员挑战她时，法兰妮就决定离开那家店。注意女店员到了此时可能也很生气——这又是一个被动攻击机制从中作梗时的典型结果。

除非全世界只有这家店，否则被动攻击的循环不会到此为止。被动攻击也常常出现在其他的人际互动中，只要它来搅局，就可能有破坏性的后果。

透过琳达和法兰妮的故事，我们看到了人是如何以童年经验为基础，发展出不同的思想体系。我称之为思想体系，但人常将一己的思想视为真相。"这世界就是这样，我就是这样，别人就是这样对待我的。"透过这些在过去建立起来的心念看待现在的遭遇，我们的眼光就可能变得扭曲。

对于养成被动攻击人格的人而言，他们的想法和心念就有法兰妮的一些特征，像是自卑、不信任权威人物、对批评很敏感，以及对愤怒的恐惧。**被动攻击者也对所有感受都怀有恐惧，他们很容易就会把自己当成受害者，并有排除他人、只专注在自己身上的倾向。**

打破被动攻击循环的不二法门，就是揭露这些非理性的思想体系。因为是我们创造了这些思想，如果它们限制了我们个人的成长，或损害了我们和他人的关系，我们也可以改变它们。在这一章当中，我们要来看看有哪些非理性心念是被动攻击行为的核心。

对愤怒和其他感受的恐惧源自童年经验

那么,如果我们压根就把它们当成事实的话,我们要如何辨认这些迷思?愤怒是身体与小我／自我形象界限的使者,扮演着传递讯息的角色,能帮助我们辨认自己真实的感受。从真实的感受出发,我们就能看看是什么样的心念创造出这些感受,并判断它们对我们的人生是否有正面的影响。

如同我们在第一章看到的,问题在于多数人学到发脾气是不被接受的行为。即使还只是个小孩子,我们就开始压抑愤怒的感受。对于采取被动攻击策略的人而言,选择压抑愤怒无疑是他们既定的模式。被动攻击行为最典型的元素莫过于对愤怒的恐惧了。

为了探究这种情况是怎么发生的,我们再来看看琳达和法兰妮的例子。一般正常的孩子一定都有惹父母不高兴的时候,不管是打破东西、在不恰当的场合制造噪音,还是跑去不该去的地方,而生气是父母自然的第一反应。

法兰妮受到管教时,她的父母气呼呼地没收她的东西。如果她因此生气,他们就没收更多东西。基于童年经验的缘故,法兰妮将愤怒与管教视为失去的前兆。如果有人不认同她,她必然会觉得受到威胁。就典型的被动攻击反应而言,她会压下自己的怒火。

所以,意思是她应该豁出去,让大家看到她有多不爽吗？虽然这无疑是一个选择，而且有些人确实会这么做，但大声甚至暴力地表达愤怒，并不是唯一的办法。事实上，当你选择要表达愤怒时，大发雷霆并非必然的结果，你还有第三条路可走。

小时候，在琳达受到管教时，她的父母会管理自己的愤怒，并试着向她解释为什么她做的事不被接受。他们告诉她怎么做比较好，并表示他们相信她会做得更好。换言之，他们是对事不对人。基于童年经验的缘故，琳达有可能将冲突视为坐下来好好谈的机会，双方正好借机讨论哪里出错，以及如何改进。

琳达很幸运拥有一个愤怒情绪受到正面看待的童年。**然而，很多人是在爱和愤怒不能并存的家庭背景中长大，他们不知道冲突和批评如何能够拉近人我的距离，而不是筑起人与人之间的藩篱。**

愤怒不是我们小时候学会畏惧的唯一一种情绪。美国文化大力推崇乐观和开朗，想想那些强调正能量的俗话吧：懂事的女孩（以及所有的男孩）不哭。在其他文化中，面临丧亲之痛的人在丧礼上号啕大哭，美国人则欣赏哀伤不形于色的人，顶多容许你掉一两滴眼泪，但你得赶紧擦干。

我们隔绝所有不愉快的感受，不只是愤怒，还有伤痛、恐惧、焦虑，乃至于各式各样的负面情绪。我们若无其事地说："什么？我？担心？"我们尽力表现出我们的文化所推崇、褒奖的正面人格特质。

不幸的是，隔绝负面感受的同时，我们也削弱了自己体会正面感受的能力。爱、喜悦、好感、满足等可能让我们心情愉快的原因，一样需要体会的能力。最终我们变得和自己的感受很疏离，甚至不知道自己真正的感受是什么。所以我们表现出来的是自认"应该"要有的感受，或我们"相信"自己有的感受。换言之，我们沟通的往往只是自己非理性的思绪。这是被动攻击很常见的一个副作用。以下是一个例子：

朵洛莉丝怀着满腔怒火，气呼呼地来做咨询。她说她先生住在其他州的外甥要结婚了，他要她跟他一起去。

"你能告诉我多一点信息吗？"我说。

"喔，我在那里没有认识的人啊。"她越说越气，"我们跟他这个外甥从来没有联络。我得去买礼物，而我对这个外甥一无所知。我得挑件衣服来穿。我得帮我们两个打包行李。我讨厌搭飞机，光想我就要晕机了。"

接着，她说了句耐人寻味的话："可是山姆坚持要我一起去，就跟我老爸一样。"

无独有偶，在朵洛莉丝的咨询时间，我多次听她提到山姆和她的父亲。在我听来，他俩似乎没什么共同点。我也知道她的被动攻击很容易就以身体不适表现出来。我说："我们来探讨一下。他俩怎么个一样法?"

她想都没想就脱口而出:"我爸老是逼我做我不想做的事。"事实上,在她成长的小镇上,她父亲是个赫赫有名的律师。他坚持女孩子要有女孩子该有的样子,长大了要有淑女该有的样子;叫你怎么做就怎么做,女孩子就该乖乖听话。

对父亲和他的管教方式的愤怒,影响到她对丈夫的要求的反应了。尽管她可能不重视这位外甥的婚礼,但陪她丈夫出席、讨她丈夫欢心却对她的婚姻有好处。在我们谈话间,她看出山姆希望她出席其实是很贴心的举动(后来证明不只山姆,他的家人都希望她出席)。这代表她是他们家的一分子——面对一样的要求,这是截然不同的观点,而且这种观点立足于现在,没有受到过去的影响。

如同许多被动攻击者,朵洛莉丝渴望受到接纳。在这个例子中,接纳就摆在她眼前,而她差点因为困在过去,看不见自己受到接纳的事实。

检验现实情况的三步骤

我和朵洛莉丝的谈话是"现实检验"之一例。首先,我们检视她先生的要求,并检视她对这个要求的想法和感受。

检视过实际发生的情况后，我们看出她先生希望她陪同出席婚礼是一回事，她父亲在她小时候对她的严格管教是另一回事，两者之间没有关联。接着，我们检视她的结论是否成立——她的结论是先生把自己的意愿以不公平的方式强加在她身上。最后，她看出他的要求不只合理，而且是一个爱的举动，肯定了她在他们家里的地位。

"检验现实"分成三个步骤，详细的内容如下：

步骤一：辨认我真正的感受是什么。

步骤二：评估我的感受是否切合实际情况。

步骤三：重新考量眼前遭遇的情况，并予以恰当回应。

如你所见，如果朵洛莉丝一开始没有表达她的感受（亦即愤怒），并探究是什么导致她有这种感受（步骤一），接下来的两个步骤都不会发生。唯有经过了步骤一，她才能检验自己对客观情况的评估是否正确（步骤二）。最后，她就能客观看待同样的情况，并根据新确立的事实采取恰当的行动（步骤三）。

我有什么感受？

我们回到法兰妮的例子，看看这个三步骤检验表对她和那位女店员的互动可能有什么帮助。首先，法兰妮误认自己的感受，她以为自己很气女店员多事。在那股怒气底下,她真正的感觉是受伤:女店员似乎在暗示她其貌不扬,而且不懂穿衣打扮(步骤一)。一旦认清自己真正的感受,法兰妮就能检验她的感受是否切合实际情况。实际上,女店员并没有说她肤色差,只说蓝色可能有加分作用。女店员也丝毫没有批评法兰妮的品位。她只是给她建议,善尽店员的职责(步骤二)。若不是自卑心作祟,法兰妮可能就接受女店员的建议了,或至少愿意考虑她推荐的衣服(步骤三)。

在下一章,我们会更详细地探讨亲近情绪的办法,即使这些情绪多年来都埋藏在你内心深处。

事情的真相是什么?

厘清真相可能是最困难的部分,因为这部分往往牵涉童年创伤。你必须让童年创伤浮上台面,别骗自己那些想起来就害怕的创伤"已经是陈年往事了"或"早就过去了"。除非你正视心里的感受,完成自我疗愈,否则过去的事永远不会过去。

贝琪是典型的杰出员工。身为律师助手,谨慎是她的优点,但不管是什么资料,她都要检查个十遍,找出可能出错或遗漏的地方。而且在她"把工作做好"的时候,只要有人打断她,她就会暴怒。除此之外,她总是对自己的工作表现很焦虑。多数时候,老板对她只有赞美,但偶尔遭到批评时,她就久久不能平复。她一遍又一遍检讨自己的工作，想知道自己怎么会出纰漏。

问她为什么要逼自己逼得这么紧，她开玩笑说在她父亲眼里，不是满分就是零分。她说的是真的，但这可不是开玩笑的。不管再怎么努力（而且她可是拼尽了全力），贝琪也永远得不到父亲的肯定。就算她拿出最好的表现，他永远挑得出毛病。她从没想过这可能是一种激将法，他挑毛病是为了激励她。

结果就是，童年的贝琪过得很焦虑。她母亲凡事都留给父亲做决定，所以除了更努力之外，贝琪似乎别无选择。时至今日，贝琪还是只知道要更努力。

回顾过往是厘清真相的一个办法。

练习六　重访关键的童年经验

1. 找一个能让你安静独处二十到三十分钟的地方。
2. 带日记本、平板电脑、笔记本电脑或任何可用来记录想法和感受的工具过去。

3. 深呼吸几口气，让自己沉淀下来。

4. 闭上眼睛，回想你的童年。成长过程中，你记得自己目睹过什么情绪？

5. 在你的记忆中，人难过时怎么办？焦虑时又该怎么办？

6. 你的家人如何处理伤痛？

7. 你生气时，父母做何反应？

8. 你哭泣时，父母做何反应？

另一个厘清真相的办法是跳开来看。从不同的观点自我检视，当事人可借此对自己和自身问题有更全面的认识。对被动攻击者和他们身边的人来说，这个办法特别好用。对于了解别人的想法而言，这是一个间接但相当有效的办法。

感恩节就要到了，今年轮到和苏珊的家人一起过节，亨利拖拖拉拉不想去，苏珊很确定是因为亨利不喜欢她的一个弟弟。上次到她父母家过节，他们两个吵了一架。亨利坚称不是这个原因，但他似乎不想多谈。这几个星期以来，苏珊常常累得不想做爱。苏珊近来加班的频率很高，亨利开始怀疑她在公司是不是有了别人。

一天晚上，她过了十一点才回家。他大发雷霆指责她背着他偷吃。震惊之下,苏珊脱口说出实话:"我加班是为了能带孩子们去爸妈那里过感恩节。你如果不想去就待在家。"

他们终于坐下来谈。搞了半天,亨利担心的是四张机票的花费。苏珊的父母家离他们很远。他查了他们的账户,他担心一年后他们家老大上大学的学费。至于苏珊之所以加班,则是为了解决眼前的问题——多赚一点加班费,这样他们就有足够的钱,全家人都能一起去过节。有了这次教训,他们决定以后要更常沟通彼此脑袋里真正的想法是什么。

推敲别人真正的想法是厘清真相的重要办法。你的同伴如果忘了买购物清单上的东西,这真的代表她从来不把你的需求放在心上吗?会不会是她搞丢了购物清单?或者那件东西的价格太高?或者她单纯地只是忘记了?如果你觉得工作负担太重,是你的老板要求太多吗?他知道你觉得负担过重吗?其他人的工作量跟你一样吗?你有没有开口求助过?

练习七 把话说开

在苏珊和亨利的例子当中,实话是在争吵间脱口而出,但了解他人真正的感受可以透过更有条理的方式达成。下次和同伴或同事起冲突时,请对方和你玩一个游戏。双方各拿一张纸,写下自己认为问题出在哪里,写完就交换字条。

对陷入被动攻击关系的夫妻和情侣来说,这个练习特别有用。你们或许可以把它当成星期五晚餐的固定活动。双方各自写下近来对彼此有什么想法,写完就交换字条,接着好好聊一聊。

厘清实际情况的秘诀在于坦诚地寻求真相。告诉你太太(或任何你想问的人)你真心想听实话,无论答案是什么,知道真相对你们双方来说都比较好。

以亨利的例子而言,如果苏珊真的背着他偷吃,他一定会很受伤,但至少他不用再活在谎言之中。而正如亨利的情况,事实可能证明你误会了,你太太是想和你一起走下去的。

我们再试试另一个例子。假设你觉得自己实在长得其貌不扬,要跟人确认这一点是比较困难,但也不是不可能。如果直接问人你是不是长得不好看,你很可能得不到诚实的答案。如果你要对方诚实回答你,那可能只是害对方很尴尬而已。但你可以告诉对方,你想尽力呈现出自己最好的一面,就说你想寻求一些改善"门面"的建议好了,问问对方有没有什么建议。如果是用这种问法,你肯定能问出一些实话。

重新考量眼前遭遇的情况

我们重温一下第一章当中的办公室场景，运用"现实检验"的技巧来看看这件事情。还记得菲尔是一家营销公司里某个小组的组长吗，组员戴夫是令他头痛的问题人物。每周五的重要会议，戴夫总是迟到，也总是用一样的借口：他刚接了一通重要客户的电话。在菲尔看来，戴夫自认比其他组员优秀，他从不和其他组员打成一片，从不参与意见反馈，从不跟大家往来，开会迟到是他表示"我比你们更大牌"的方式。菲尔处理这个问题的办法，是在某一个星期五故意比戴夫更晚到，并揶揄戴夫的拖延行为。

说来遗憾，菲尔彻底误会了，戴夫其实对小组会议很畏惧。小时候，对他过度保护的妈妈要他远离大部分的团体活动，她也对他有不切实际的超高期望。戴夫每星期都迟到，因为他得鼓起勇气才能去开会。他总是生怕自己说错话出丑。菲尔采取被动攻击的策略来回应，结果导致真相无法浮上台面。而菲尔的揶揄让戴夫很难堪，也让他的孤立处境（以及工作表现）更恶化。

其他导致被动攻击的典型思考谬误

日复一日喜怒不形于色的家庭和团体多得不可思议。除了愤怒以外，我们也拼命忽视或隐藏自己的焦虑、恐惧和忧伤。思考谬误让我们把真实的情绪藏得远远的。以具有被动攻击人格的人而言，以下是他们典型的一些思考谬误：

放大自身缺点的思维	我什么都做不好。我无能／一文不值／不可爱（请自行代入形容词）。反正我觉得自己是个失败者，不管别人说我有什么长处，我一定有哪里不好。
完美主义的思维	什么都要做到完美，我才能满意。我受不了一点点的瑕疵或缺失。
界限模糊的受害者思维	我或许觉得自己过度操劳或不被珍惜，但我永远也不会说"不"。我先生／太太／老板／朋友想从我这里得到太多，一个要求接着一个要求，他们好像从来都看不见我有多累或压力有多大。
讨好他人的思维	我要让每个人都喜欢我。从别人那里得到的认可越多，我对自己的感觉就越好。
悲观／抗拒的思维	工作量和生活压力让我无法招架，我好像总是在为微不足道的小事拼命。情况永远不会改善，我常常很绝望。人生就是这样——至少我的人生就是如此。
无能为力的思维	这不是我要的人生。我每天焦头烂额，顾家、顾孩子、顾老板，每个人都跟我作对，我怨恨这种生活，但我又能怎么样？

这些思维模式有可能把你真正的感受隐藏起来，包括愤怒在内。你会注意到在这些描述当中出现多少极端的字眼，像是"什么都做不好""永远也不会""总是这样"。如

果这张表格反映了你的思维，是时候想一想实际上真相是什么了。

受害情结

由于守住一段关系对他们来说是那么重要，有被动攻击行为的人可能习惯压抑自己的愤怒和负面感受，到了沦为长期受害者的地步。如果事情出了差错，他们马上就会怪罪自己。而且，他们宁可跳下悬崖也不会说"不"。他们大可在身上穿一件文字T恤，胸前印有红通通的"都怪我吧！"几个大字。

有些人觉得当烈士或受害者是博取关注的唯一方式。然而，做尽别人要求的一切，结果却往往造成别人的愧疚，最终导致对方积了满腔怒火，而不是换来你期望得到的感激。与此同时，你的需求一直没有得到满足——你没有提出要求，所以当然得不到任何回报。而在内心深处，你自己的愤怒和埋怨也是越积越多。在这种情况下，没有人真的快乐。

如果这种模式听起来很熟悉，你要知道自己不必一直这样下去。下一次有人请你帮忙，无论是多琐碎的小事，就算只是请你倒杯咖啡，在回应之前先深呼吸两口气。当你其实可能想拒绝时，你需要阻止自己直觉地（而且消极抵抗地）说"好"。

在回复之前，暂且评估一下对方的要求或邀请。你乐意做这件事吗？如果不乐意，鼓起勇气大胆说"不"。你不需要解释一大堆，只要简单说一句：

"抱歉，我现在分不开身，我的行程满了。"

"你知道，我不是足球迷，所以球赛的票就免了。"

"谢谢你想到我，但是不用了。"

心里想拒绝，嘴巴上却说"好"，或许避免了冲突，但却造成自己内伤，并给予对方错误的期望——对方会期望你凡事百依百顺。你必须设下并尊重自己的界限（我们在第四章会探讨这个主题），不能指望别人代替你这么做。

举例而言，如果有人邀我周末参加某个活动，在回复之前，我会先考虑几件事：

- 这是我想参与的活动吗？
- 我喜欢和这个人相处在一起吗？
- 这周末有没有别的事可能和这个活动撞期？
- 我的精神好不好？这星期我是否工作得很累？周末是否需要一些私人时间充电一下？

自我中心

很多人只从自己的角度看世界，如果别人对他们生气，他们就觉得很困惑、很受伤，殊不知他们的被动攻击行为才是问题的根源。

马蒂和凯特一起在一家书店工作。一天早上，凯特一进店里，马蒂就请她帮忙："小说类有一堆新到的二手书要上架，我知道你可能有别的事要做，但你可以处理这件事吗？"

　　"当然。"凯特说。

　　"这件事很重要，麻烦你尽快处理。"

　　凯特看看她办公桌上的留言，打了几通电话。有几个人询问实用类书籍的相关信息，她花了一点时间找书、联络读者，转眼就到了午餐时间。

　　凯特吃完午餐回来之后，马蒂又来她的办公室，把没上架的书都装到推车上。

　　"如果你没时间，我不知道你为什么要说你可以处理。"马蒂说。

　　凯特很讶异马蒂不高兴。"我不晓得这件事有这么急。"

　　马蒂摇摇头，现在她更不高兴了。"我说了'麻烦你尽快'。"

　　"是，我已经尽快了啊。"凯特回应道，"我有几件事要处理，一下子走不开。如果那么重要，我现在就来上架。我不知道你为什么要生气。"

　　"算了。"马蒂说完就带着书气呼呼地走开了。

　　在这个例子中有几个被动攻击的线索可循：（1）面对

马蒂的请求，凯特随口就说"当然"，想都没想她今天有什么待办事项。（2）凯特拖拖拉拉不去做马蒂要求的事，整个早上她一件事接着另一件事，然后就去吃午餐了，马蒂要求的事甚至都没掠过她的脑海。（3）马蒂一生气，凯特自动生出一个借口："我不晓得这件事有这么急。"实际上，如果她把马蒂的话听进去，她自然知道这件事的轻重缓急。

抛开错误心念的操控

导致被动攻击行为的错误思维模式对你没好处。一旦让这些小时候形成的非理性心念左右了成年后的行为，你的人生之路会充满不必要的波折，你的人际关系会因此受损，你会在周遭别人的心里留下一堆挫折和问号。

但容我再重复一次：**这些心念是你创造出来的，所以你有力量改变这些心念和思考模式。**

下次觉得自己落入不愉快的处境时，深呼吸几次，放松下来沉淀思绪。以下是可能有助你得到正面结果的几个步骤：

步骤一：描述情况	发生了什么事？ 谁在现场？ 他们说了什么、做了什么？ 你说了什么、做了什么？
步骤二：我有什么反应？	是什么让你不高兴？ 你的脑海浮现哪些念头？ 你的心情如何？ 身体的知觉感受如何？
步骤三：现实检验	这个情况的事实真相是什么？ 公正的旁观者会怎么看？ 哪些事实支持你的反应？ 哪些事实显示你的反应不对？
步骤四：看看事情的另一面	对方可能有什么感觉？ 对方表现出什么情绪？ 这些情绪代表什么意思？ 就事实真相而言，这些情绪有没有道理？
步骤五：考量结果	你有什么别的选择？ 哪一个选项最能满足你的需求，并符合你设下的界限？哪一个选项满足了对方？ 整体而言，哪一个选项最有帮助？ 针对一开始的想法和感受，你经由这个练习学到了什么？

不妨透过写日记，记录你采取这些步骤的不同情况。久而久之，你会看到自己渐渐能辨认并舍弃那些对人生和人际关系没有帮助的心念。

练习八　改变儿时奠定的思考模式

当儿时奠定的非理性心念左右了你成年后的行为，你可能会发现自己的头脑和想法就是你最大的敌人。你可以透过这个练习，辨别对幸福、成功和心理健康有害的想法。一旦认清了这些想法，你就可以化敌为友，并改善你的人生。

1. 回顾在本章中列出的思考谬误类型表，哪种最接近你自己的行为？写下符合的类型，为每一项预留充分的填写空间。是时候诚实面对自己了。

2. 在每一个思考类型底下，回答这个问题："这种念头给我什么感觉？"举例而言，当你认为自己无能、不可爱或一文不值时，你的身体和情绪有什么感受？

3. 想想你是怎么形成这种心念的。有人这么说你吗？你的决定是否以这个人的言行举止为准？

4. 现在，想想和你的每一个心念相反的情况。

如果你觉得自己是个失败者，就写下你成功的地方。如果你觉得自己无能为力，就假装你能掌握自己的人生，写下这样的你会做些什么。在写下这些反面陈述的过程中，注意一下自己的感觉。你的心里是否产生任何变化？

5. 回到原本的陈述上头，问问自己："抱着这种心念，对我的快乐或成功有帮助吗？"如果没有，就把它从你的清单上删除。

6. 想想有什么不同的做法能改变这个模式。哪一种思考模式有助你的成功和幸福？你有改变的力量。

7. 为了强化新的想法，列一张分成两栏的表格，旧的想法写在上栏，新的想法写在下栏，贴在方便你查看的地方。如果发觉自己又用旧的模式看待人生了，就去看看下栏的新模式，观察一下你的感受有什么变化。

旧想法

吃喝玩乐浪费时间。

新想法

休息是为了走更长远的路。

面对被动攻击者，你可以跟对方把话说开

在我们的社会中，压抑自己的感受是很普遍的现象，所以我相信第二章对任何人的身心健康都有帮助。身心健康改善了，对人生各方面的满意度也会随之提高。身为在被动攻击者身边的人，你可能要面对特别的挑战。

毋庸置疑，有时候你一定对你的同伴表现出来的行为很困惑。对你而言，"现实检验"意味着设法厘清对方真正的用意。如果你太太晚餐迟到了，她是故意想让你又气又急的吗？她自己是不是在生什么气？她给你的说词是什么？听起来像实话吗？

对付被动攻击行为，你可能需要挑战对方的行为和动机，比方询问对方："我感觉事情不太对劲。我们可以聊聊吗？"

有时候，你们可能只是在说话，谈话内容看似稀松平常，对方却突然激动起来，或自我防卫起来。说不定是你在不经意间碰触到过去的阴影，引发对方不舒服的感受。再怎么苦思你说错什么或做错什么，也只是白费心思而已。

想想朵洛莉丝的先生山姆，他无非就是请他太太陪同出席外甥的婚礼，这要求不算过分吧，他甚至想借此机会出游，夫妻俩开心地玩一玩。山姆就算想破了头，恐怕也想不透朵洛莉丝在不高兴什么。而朵洛莉丝之所以不高兴，

是因为丈夫的请求让她想起小时候当她还住在家里，父亲对她有着不合理的要求。

发生这种情况时，务必提醒自己，对方的情绪反应和你或许完全没有关系。如果可能就把话说开，否则就放下你的内疚。这不是你的错。

发展出被动攻击行为模式的人有一些特征，例如：

- 冲动鲁莽，挫折忍受度低
- 易怒
- 人际关系失衡的情形终其一生不断循环
- 消沉、被动
- 怨恨
- 活得不快乐，视人生为折磨
- 自卑
- 情绪或言语虐待

一旦认识到被动攻击对你的人际关系造成的阻碍，并能迎接挑战、把话说开，你的人际关系就能有所突破。如果采取把话说开的做法，你必须指出对方有什么被动攻击行为，并且逼迫对方予以回应。在接下来的例子中，一对夫妻努力要解决妻子不替别人着想，以及长期依赖被动攻击行为的问题。

每个星期五,在忙碌了一个星期的尾声,娜塔莉和比利喜欢去外面餐厅吃个午餐,趁午休放松一下。他俩一起经营一家小公司,某个星期五,两人都忙得不可开交——文书工作、突如其来的电话、员工的问题等,导致娜塔莉忙到特别晚。等他们到车子那里时,时间已是下午两点半。

比利说他饿到虚脱,甚至眼冒金星。为了他着想,娜塔莉说她会尽快开车到餐厅,赶紧缓和他的不适。然而,车子一开出去,音响传来歌曲,娜塔莉的思绪便飘到他们在忙的案子上,饿到眼花的比利就被她抛诸脑后了。高速公路还满空的,他们要去的餐厅车程大约十五分钟。

娜塔莉可以超过前面的车辆,但是她没有。她一边沉浸在自己的思绪里,一边心满意足地跟着车阵走。比利气急败坏地说:"拜托,超过这家伙,我们冲吧!"娜塔莉瞥了一眼时速表,回他一个当下冒出她脑海的借口(或者说理由):"我通常不会开超过时速七十公里。我不喜欢超速。"

对她的被动攻击作风很敏感的比利立刻指出问题,他说:"你或许是真的不爱超速,但你现在只是慢吞吞跟着车阵走,没在管我需要赶快吃点东西。"正常来讲,娜塔莉会自我防卫起来,坚守她本来的借口,但她现在渐渐意识到自己被动攻击的倾向，而且她想改变自己。她诚实地想了想自己的行为，判定比利是对的。

她很不好意思承认，但她确实没有替丈夫着想。不出几分钟，她就忘了他饿得难受，自顾自沉浸在她的世界里，没意识到他面临的处境。当下，她没把他的痛苦放在心上，而她的行为反映了这一点。

她决定和比利分享她的想法，坦承自己的疏失。令她讶异的是，比利立刻气消了。尽管情况令人不悦，但他不必生气、不必开口要求，娜塔莉就能替他着想，他很欣慰她没再继续编借口，也没有自我防卫，反而承认了自己的想法和行为。

练习九　遇到问题时，先厘清事情的情况

以前述的现实检验三步骤为基础，在受到被动攻击影响的人际互动中，这个练习可助你厘清实际情况。

1. 找一个能让你安静独处二三十分钟的地方，带可以用来记录思绪和感受的纸笔或电子设备过去。

2. 尽可能客观地描述状况。每个人确切说了什么？做了什么？旁观者会怎么描述这件事？

3. 你自己做何反应？是什么惹你不高兴？事发过程中，你的身体有什么感觉？心里有什么情绪？脑海有什么思绪？

4. 你的同伴做何反应？对方看起来是否不高兴？就你的观察，对方在肢体上或情绪上有什么表现？

5. 你认为发生了什么事？设想一下对方在事发过程中的想法和感受。

6. 检视证据。综合这件事和你过去的经历，事实说明现在是什么情况？

7. 和对方分享你从这个练习得到的发现，给对方一个回应的机会。

在这一章当中，我们看到儿时形成的非理性心念如何掩盖掉我们真实的感受。我们看到这些思想体系如何影响我们看待世界的眼光和待人处事的方式。最后，我们学到如何检验及评估这些思想体系，并开始抛弃那些对我们的成功与幸福没有好处的心念。在下一章，我们要学习一些重新连结身体知觉与内心情绪的技巧。

Chapter
03

倾听
身体的讯息

你的身体蕴含大量的情绪资讯,
而且它从不说谎。

梅根和提姆都是再婚。梅根第一段婚姻的三个孩子跟他们生活在一起，提姆的两个孩子则是每月来过两个周末，外加暑假来待四个星期。提姆身兼两份工作以维持家计，梅根则负责打理家务和照顾小孩。她也把家里的厨房当成客服接线工作室，为当地两家公司处理客服电话。

梅根忙得焦头烂额，但她从无怨言。她的第一任丈夫弃她而去，让她下定决心非留住提姆不可——她没注意到的是，自己在第一段婚姻中也是从不抱怨，但前夫还是离开她了。当梅根只需处理家务、工作和自己的孩子，虽然压力很大，但她还忙得过来。当提姆的孩子来过周末，那就另当别论了。他们来访时，提姆经常都不在家，所以她得独自应付五个小孩。提姆的小孩又不像她的小孩那么乖，而她觉得如果由自己来管教他们，那她恐怕会害自己惹上麻烦。

近来，他们来访甚至会引起她身体上的不适。在他们抵达前几小时，她就开始头痛。只要有他们在，她就食不下咽。有个周末，她找了保姆来照顾孩子，自己则躺在床上休息，提姆为此气得火冒三丈。所以，她现在索性丢着他们不管，有时她根本不知道他们跑到哪儿去了。晚餐上菜时，如果他们不见人影，她就让他们自己想办法。她很羡慕提姆的前妻乔吉雅。乔吉雅趁孩子不在的周末和新男友约会。八月时，她的孩子要来跟提姆和梅根一起过，因此她计划去意大利度假。对着五个孩子，梅根不知道她要怎么熬过那一个月。

梅根显然与自己的感受隔绝，我们也不难看出她的行为有被动攻击恶性循环的痕迹。照顾提姆的孩子多出的额外负担，她没提出来和提姆讨论，或至少请他一起分担，而是任由这份负担和她的愤怒日渐累积。他们还是小孩子，丢下他们不管并不是一个恰当的解决方案。更有甚者，她也忽视了自己身体发出的警讯，头痛和食欲不振都是在告诉她：你需要帮助！你需要正视被你忽视的感受，并据以采取行动。

在上一章当中，我们看到人往往在小时候就学到自己不该表露负面情绪，尤其是愤怒，我们也看到这种迷思如何促成被动攻击行为。在这一章，我们要来看看身体如何帮助我们跳脱这种窘境，只要我们愿意多加注意。首先，我们来看看如何亲近自己的情绪，以增进心理的健康。

正视情绪所传达的讯息

情绪是一种天赋，它告诉我们周遭的一切对我们有什么影响，它让我们知道我们的界限受到侵犯了，或我们的需求没有得到满足，如此一来，我们就能据以改善情况。如果忽视这些情绪（这是被动攻击恶性循环的一大特征），那么情况就会一直停留在糟糕的现况。

界限的作用

人都有界限，而每个人的界限并不一样，这些界限是用来保护自己有形的身体，以及无形的小我和身份认同。设下健康的界限，能让我们在这世上有安全感。一旦有人越界，我们就会觉得受到威胁。

假设你在散步，一名溜滑板的青少年沿着人行道朝你滑过来。他盯着自己的脚，所以没看到你。他的两个耳朵都塞了耳机，所以听不到你的警告。你在千钧一发之际闪开，尽管他的手臂擦撞到你的胸膛，害你一时失去了平衡。当下你可能感觉全身一阵紧绷，这是大脑内建的"战或逃机制"在发挥作用。在人类还过着丛林生活的时代，夜里充满了危险，老祖宗就靠这种机制保命。

不管是心理还是身体受到威胁，都会牵动一样的反应机制。这些威胁成为让人生病的一大原因。高血压、溃疡和癌症都和"战或逃机制"有关。研究显示，长期存在的压力是老化和生病的帮凶。

显然，头痛和食欲不振显示体力上的负担超过梅根的底线——她太操劳了——但她的小我也面临威胁。别人的不尊重有损我们的自我价值感。以梅根而言，提姆的孩子摆明了不尊重她，提姆则是间接不尊重她。尊重的界限也有演化上的根源。在部落时代，维持对部落的尊重是不可或缺的生存要素。最后，梅根的自我形象也面临危机。她显然很珍惜人妻和人母的角色，但在这些情况下，她无法扮演好她的角色。

当小我或自我形象受到威胁，有些人的反应是大发雷霆，激烈地捍卫自己。被动攻击就不是这么回事了。**面对界限受到侵犯的情况，被动攻击的因应策略是生闷气或克制情绪。身体的不适也是一部分的戏码。**

练习十　探索上一次生气的原因和反应

1. 找一个能让你安静独处十到十五分钟的地方。回想你上一次生气的情形。

2. 仔细回想来龙去脉。是什么言行举止激怒了你？有别人牵涉其中吗？还是你对自己很生气？

3. 回顾前述有关界限的讨论，看看能否用来解释你的愤怒。是有形的界限受到威胁，还是你的小我受到侵犯？你的自我意识是否受到伤害、威胁或不受尊重？

4. 你有没有表达自己的愤怒？若有，你是怎么表达的？如果没有，那你做了什么？

5. 花些时间探究自己的愤怒，了解愤怒的原因，这么做有很大的好处。

辨识未能满足的需求

情绪也能帮助我们辨识未能满足的需求。除了食物、衣服和一个遮风避雨的地方，我们还有许多情感或社会需求。在被动攻击的循环中，常见的情形是你太专注在自己的需求上，因而看不见周遭别人的状况。下列的主要情感需求检核表，既可用来清点自身需求，亦可用来评估周遭别人的需求。

情感需求检验表

关注	因为你对我来说很重要，所以我专注在你和你说的话上。
情意	我们喜欢透过拥抱和肢体接触来表达内心的感情。
感激	我知道你为我的人生带来很多收获，你对我来说甚至因此更重要了。
接纳	我知道人都有优缺点，我认同你真正的样子，并给你成长的空间。
可靠/可亲	你向来都是我的第一顺位，当你需要我，我会在你身边倾听你的感受，只要可以就回应你的需求。
相应/相守	在我眼里，你我心心相印、情谊长存，我哪儿也不去。

练习十一　清点你的情感需求

1. 带着这张检验表，到一个可以安静独处至少十五分钟的地方。

2. 检视表格上的内容，看看你的生活中有没有什么未能满足的需求。

3. 用纸笔或电子设备写下那些未能满足的需求。身边的人能做些什么来改善情况？

4. 现在，想想周遭别人，你能做些什么来满足对方的情感需求？列一张清单。

这是头脑风暴，所以顺序不重要。

5. 一旦有了这张清单，你就可以有条理地拟订计划。之后请务必回头看看自己做得如何。

6. 和周遭别人分享你自身的需求，并提出对方要怎么做才能让你更有安全感。

压抑愤怒的代价

一旦压抑自己的情绪，没去倾听这些情绪所传达的讯息，你一定会面临一些后果。由于愤怒是被动攻击循环中举足轻重的一环，我们就从愤怒谈起。

除非我们正视它、释放它，否则愤怒永远不会消散。它化身为被动攻击及其他适得其反的行为、习惯、癖性，甚至是疾病。当我们无法管理自己的愤怒，我们就失去了发言权，连带失去自尊和自信。我们不捍卫自己的界限，不提出自己的要求，反倒让别人代替我们做决定。没有诚实就没有亲密，而这样的我们并不诚实。

父母常教孩子不要表达愤怒，因为他们自己就对这种情绪很不自在。孩子要么没看过父母生气，要么愤怒总是和咆哮、伤害和惊吓连结在一起。无论是哪一种情况，孩子都要为这种令人不舒服的感受寻求解决之道。

1. 不真实的自我

孩子往往会发展出"不真实的自我",创造一个他们认为父母师长会接纳、会喜爱的儿女或晚辈。这是一种高超的适应技能,为孩子提供了渡过难关的生存资本。但如果长大成人之后(亦即不再有这种必要的时候)还是这样,我们就可能要付出灾难性的代价。**在不真实的假面底下,我们和自己真实的感受越离越远。我们随时随地都像个傀儡,表现出"好男孩"或"好女孩"的言行举止。这些孩子长大后,往往成为被动攻击界所充斥的"助人者"、"讨好者"和"牺牲者"。**梅根是典型的牺牲者,也具有典型的"不真实的自我"。这个不真实的自我可能在她小时候就日渐成形,阻碍了她接近自己真实的感受。

但尽管这个不真实的自我从不生气,"真正的你"却必须消化所有受到压抑的愤怒。把自己的感受藏到不见天日的地方,无异于藏起真实的自己,别人对我们的认识可能就很粗浅、很浮面,因为比较深刻的感受与个性都被我们藏起来了。

2. 对自己的真实情绪感到羞耻

禁止孩子表达内心感受也会养成羞耻感——不仅对自己的情绪感到羞耻,也对自己不知如何表达情绪的不安与困惑感到羞耻。在被动攻击者身上,你会发现在各种信手拈来的借口、理由与防卫背后藏着满满的羞耻感。

当人觉得自己做错了事情，心里就会产生内疚的感觉。当人觉得自己本身就是一个错误，心里则会浮现羞耻的感受。由于孩子没办法把他们的感受和自我形象分开，一旦心里产生不好的感受，孩子就会得出是他们自己不好的结论。所以当你犯了错、能够纠正错误时，心里会浮现内疚的感觉，而当你把自己视为错误、认为是你本身不好时，羞耻的感觉就成形了。或许因为父母看到小孩哭就手足无措，所以父母往往会鼓励孩子"别哭"。无论是什么原因让孩子落泪，父母师长都会跟他们说"那没什么好哭的"。

未被消化和释放的情绪，身体会记住

当你陷在被动攻击的循环中，面对情绪最自然的反应就是对它视而不见。如果你的心理构造是一根管子，被你弃之不顾的情绪直接从管子另一头溜出去，不会造成任何伤害，那就不成问题。但人的心理构造比较像是一个膨胀的袋子，除非你正视这些情绪、接收它们传达的讯息，并加以化解、释放，否则它们就一直装在袋子里。对某些人（尤其是被动攻击者）来说，他们的袋子可能胀得很大。背着这个袋子可是很沉重的负荷，想想你为此耗费的精力吧！

人体处理有形伤害的方式则直截了当得多，伤口会按照一连串的步骤愈合。假设你割到手，接下来血管就会收缩，以减少失血量，血小板或凝血素率先做出反应，封住伤口不让伤害扩大。白细胞火速赶来，摧毁细菌或病毒。伤口会痛上一阵子，但不久就会长出新的皮肤细胞，最后伤口愈合，疤痕消失不见。

就跟生理构造一样，心理构造知道需要做些什么来疗愈情绪创伤。然而，当我们把情绪都塞在袋子里，疗愈的过程就无法展开。而且，伤口溃烂得越久，我们受到的伤害就越多。每当人生中又发生类似的事件，旧有的情绪就会再次浮现，带来痛苦，设法引起我们的注意，直到我们解决为止。这些伤口想要愈合，然而只要我们继续压抑下去，伤口就会痛个没完。

疗愈过程中很重要的第一步，就是和情绪（尤其是愤怒）共处，倾听它想告诉你的讯息。

接下来，我就是要请你这样做。相信我，我知道这对陷入被动攻击循环的人而言有多困难。

但我也知道，如果你不和你的愤怒及其他情绪共处，如果你不把它们从袋子里拿出来，好好感受一下，并展开疗愈的过程，它们还是会回来造成你的痛苦，破坏每一段你试图建立的关系。你会发现自己不断重蹈覆辙，原来的创伤一再历史重演。如果你交往过一个有虐待倾向的对象，你会发现自己一次又一次受到虐待狂的吸引。道理就是这样。

我们能为孩子做的，就是提供一个可以表达内心感受、彼此可以坦言不讳的安全成长环境。这是给孩子一个安全的家唯一的办法。在这样的家庭里，孩子不必成天揣测父母的心情，推敲父母真正的用意。压抑愤怒和其他情绪的教养方式，只会迫使孩子背着一袋子的情绪长大成人。更糟的是，他们从没学到如何处理自己的愤怒、如何解读愤怒要传达的讯息，乃至于如何善用他们从自身情绪学到的东西，来和自己在乎的人建立更深刻的感情。

疗愈受伤的内在记忆

对背负着这种包袱长大的人而言，好消息是展开疗愈所需的信息都还在我们身上。除了有形的伤疤，我们的身体也会留下愤怒、恐惧和哀伤等情绪创伤的痕迹。借由探索身体的知觉感受以及相关的情绪，我们就能重建过去、找到根源，从而将自己释放出来。身体蕴藏着丰富的信息，而且身体从不骗人。透过准确地倾听身体的声音，我们可以重新养成亲近内心感受的习惯。你的人生可能受到被动攻击模式的支配，然而新的反应策略将取代旧有的模式。

要能听见身体的声音，关键在于正念。正念能帮助我们拥抱真实的感受，包括愤怒和其他痛苦的情绪在内。正念的技巧是用身体及感官知觉作为通往内在的媒介，让人一探内在世界蕴藏的冲动、情绪、感受、思绪和心念。

倾听身体的声音能帮助你：

•明白自己的界限被踩到了：如此一来，你就能采取恰当的行动。

•更清楚自己的需求：一旦知道自己要什么，你就能提出要求。

•辨识痛苦的情绪：受到压抑的情绪持续耗损你的心力，了解这些情绪将减轻你的负荷。

•揭露你的想法和心念：认清自己是怎么想的，有助你放下对身心健康无益的想法。

借由练习正念，久而久之，你将越来越能触及近在咫尺的内在信息，包括：

•感官知觉和肌肉张力
•心情和情绪
•想法和心念
•回忆和意象
•忧虑和论断
•欲望和冲动

正念带领你通往更诚实也更满足的人生；正念是一把开启被动攻击牢笼的钥匙。

与当下同在

想到"心不在焉"这个成语,浮现我们脑海的会是一个浑水摸鱼、丢三落四、迷路、忘记有要务在身、说话卡壳的人。我想到的是卡通人物脱线先生(Mr. Magoo),虽然他的根本问题在于近视,但他还是过得糊里糊涂,浑然不知周遭发生什么事。一副好的眼镜就能帮上脱线先生的忙,而我相信正念练习对你也有一样的帮助。

正念是一种专注在当下的练习,它让我们把全副心思放在当下所见、所听、所想和所感。

身而为人,我们的思绪常常飘到过去或未来。正念则是活在当下,不被任何脱离当下的事物盘据心思或分散注意力。**正念的另一个重点在于不论断是非好坏,纯粹观察自己的想法和感受,如此一来,就能避免我们因为不喜欢当下的感受,而产生远离当下的反应。**

佛教徒用正念来达到更高的自觉。他们想避免自己只是走马观花地"度过"情绪起伏。佛教徒的修炼也包括以好奇的眼光看待当下:我们此时此刻有什么感觉?为什么有这种感觉?

许多人却反其道而行。他们满脑子都是过去和未来,从来不曾充分体会当下的一切。当你对内心世界的一切浑然不觉,就这样度过人生,你就意识不到你的问题可能是自己做了什么所致。另一方面,你不仅会忽略自己的愤怒和其他负面情绪，也会错过生活中许多的喜悦和乐趣。

正念静心

如果你想改变人生，不再落入被动攻击的循环，正念不只是你的工具，也是你的责任。

无论被动攻击的思想框架是怎么告诉你的，你并非束手无策，你不是只能任人摆布的受害者。你有自由意志，你有改变的力量，你可以决定自己看待这世界的方式。聚精会神注意自己的一举一动——不只注意自己做了什么，也注意自己的想法和感受。这么做有助你对自己的愤怒做出恰当的回应，而恰当回应愤怒是脱离被动攻击关键的一步。

好，你不禁要问："可是我要怎么从现在的处境走出来？"不妨这样想：你已经跨出第一步了。无论是陶醉于夕阳美景，还是内心受到强烈的讨论，抑或只是一个宁静的片刻，当你发觉自己沉浸在当下，不妨留意一下那些喧腾的杂念是如何消失无踪，你和自己的感受是多么紧密相连，你是多么深切体会到"活着"的感觉。现在，把更常沉浸在此时此刻当成你的责任。久而久之，你就能训练自己专注在当下。接下来的练习可以帮助你拥抱正念。

练习十二　正念静心

1. 找一个能让你安静独处至少十分钟的地方。

2. 舒服地坐着，双脚踏地，不要跷脚或盘腿，手臂垂下，双手轻松地放在大腿上。慢慢深呼吸几下，随着吸气、吐气在心里默数一、二、三。

3. 静下心来，放空关于过去或未来的思绪。闭上眼睛或许有助于放空。

4. 一旦静下来专注于当下了，就张开眼睛看看四周，留意周遭的景物与声响。

你看到什么？颜色、形状、质料、尺寸？你听到什么？有时钟的滴答声吗？你听得到来自这个空间外面的音乐或车声吗？如果你手边有一杯饮品，不妨啜一口，感觉它沿着你的喉咙，流到你的肚子里。

5. 关于过去或未来的念头可能又会冒出来，不必否认或挥开这些念头，但回到深呼吸，直到你再次平静地专注于此时此刻。

6. 就让自己好好品尝此时此地以及你身体的感受。

每天拨出几个正念静心的时段——这不难做到。久而久之，经过练习，你将发现自己自然地就把正念融入日常生活中。开车时不要听收音机，留意你所行经的人和街坊——当然也要注意路况。或者就专注在"开车"这件事本身：方向盘握在你手里是什么感觉？踩下油门时，车子有什么反应？煮晚餐时不要开电视，而是专注在食材的形状、烹调时的气味和声响上。

设法减少一心多用的时候。只要你稍微慢下来一点——放慢动作、放慢说话的速度，你会发现自己更容易专注在"现在"正在做的事情上，而这有助于体会自己当下的感受。

另一个养成正念习惯的办法，是给自己一些提醒。在车上、卧室里、皮夹里、笔记本电脑或平板电脑上贴字条提醒自己。无论字条上写些什么，你都可以再补充一句"活在当下"。但只要看到字条，就足以提醒你静下心来注意自己一下："此时此刻我是否活在当下？"

和身体的知觉感受共处

透过正念，你可以觉察到身体的知觉感受，这是用正念来发掘及了解自身情绪与思绪的第一步。

视觉、听觉、嗅觉、味觉和触觉等感官知觉，为我们接收来自外界的有形刺激，例如光亮或噪音，抑或是煮咖啡的浓醇香味。五官的感受是外界有形刺激的结果。感官知觉也反映体内器官的情况——或饿或饱，或疼痛或舒适。知觉感受是身体用来和你沟通的语言，身体借此告诉你："我很冷。""我脚痛。""那很烫。"

以下是一张描述知觉感受的列表,这些词汇只占所有知觉感受的一部分,你或许想得到更多例子。

知觉感受词汇表

晕	麻	痒	饿	饱	撑
凉	冷	冰	暖	热	烫
酸	甜	苦	辣	咸	涩
香	臭	呛	灼痛	胀痛	刺痛
闷痛	绞痛	钝痛	痛	抽痛	隐隐作痛
僵硬	疲劳	虚弱	倦	紧绷	颤抖
心悸	腿软	胸闷	鼻酸	刺目	悦耳
酥脆	湿润	湿黏	蓬松	绵密	细嫩
清爽	干燥	光滑	柔软	坚硬	油腻
浓郁	清淡	爽口	沉甸甸	轻飘飘	醺醺然
四肢无力	口干舌燥	呼吸急促	血脉偾张	青筋暴跳	咬牙切齿
恶心反胃	头昏眼花	震耳欲聋	通体舒畅	沁人心脾	头皮发麻
毛骨悚然	心如刀割	心里一沉	天旋地转	步履轻盈/沉重	起鸡皮疙瘩

身体透过这些知觉感受对你说话,现在,我想请你体会一下这些或细微或强烈的感受。

练习十三　观察身体的知觉感受

1. 一一清点你的身体器官:头,打钩;肩膀,打钩;耳朵,打钩。避开受伤或疼痛的部位。

2. 停在你每天都很紧绷的部位,把注意力集中在那里。

3. 你体会到什么感觉?如果你找不到确切的字眼,就用前述的知觉感受词汇表核对看看。你是否觉得反胃?眼皮跳?头部或颈部紧绷?

4. 写下你的感受。

5. 专注在这个身体部位五分钟左右,不刻意去改变这种感受。这种感受是否只因你注意它就改变了?如果有所改变,找一个字眼来形容新的感受。

6. 写下你的感受。

7. 你是否需要一点协助才说得清楚?没关系。一开始可能比较难辨认和表明你有什么感受。

如同基本的正念静心,这个练习也是越常做越好。或者,你也可以只花一下子的时间,体会全身上下的感受,为每一种感受找一个形容词。一旦越来越熟练，你就更擅于倾听身体的话语，也就踏上探索内心感受的坦途了。

诚实迎向内心的感受

截至目前，我们都是用简单温和的方式来练习正念。我们放慢脚步、静下心来，开始更注意内外在世界。现在，我们可以用这项工具探索内在的自我，包括想法、感受、冲动和回忆在内。接下来的练习感觉可能比较激烈，尤其是对害怕面对内心感受和过往回忆的人而言。然而，**自我探索之旅是通往情绪疗愈唯一的途径，也是把被动攻击从你的人生中清除的不二法门。**

知觉感受和情绪不一样。知觉感受是身体的反应，情绪则是意识的状态。情绪可能伴随着知觉感受同时出现，但那不代表两者是一样的东西。举例而言，生气的时候，你可能会觉得头痛或心跳加速。胸口紧绷是知觉感受，焦虑则是情绪。

但话说回来，尽管两者并不相同，知觉感受还是能帮助我们亲近自己的情绪，包括愤怒在内。若是没有这些知觉感受，我们可能对自己的情绪浑然不觉。**练习正念时，我们就是在透过身体聆听内在活动的讯息，这也是打破被动攻击模式的开始。**

情绪正念让我们在产生情绪的当下体会个中滋味，并加以处理。如果你身陷被动攻击的循环，你可能只想逃走，而不想面对自己的情绪，但你必须迎向内心的感受，尤其是痛苦的部分。然而，为了敞开心扉，活得更诚实，建立更亲密的人际关系，你必须接受暂时的痛苦。要知道这就像手指割伤一样，疼痛的感觉意味着疗伤的过程展开了。

内心感受是你的朋友

透过知觉感受来探索情绪，我们就能借助身体亲近自己的内心世界。肢体语言和言行举止有助于让我们专注在内在的感受。

本章的练习将协助你慢慢来，一方面内观自省，一方面观察周遭环境。你将临在当下。这里所谓的"临在"，意思是完全与你的身体合而为一。当我们害怕或受挫，当周遭的世界显得不安全，我们往往会有退缩的倾向，落入被动攻击循环的人尤其如此。为了恰当保护自己，我们需要在面临挑战时临在当下，即使情况很难受或很吓人。这是忠于自己和迎向人生唯一的办法。

扩充你的感觉词汇

要让自己完全临在当下，有一个办法是透过觉察自己的知觉感受和情绪，并确切指出自己有什么感受。我们已经学到描述知觉感受的相关词汇，也试过在静心中辨认自己的知觉感受。扩充感觉词汇库，你就能更细微地觉察到自己的情绪，也会对自己有更深的认识。此外，你可能也会对别人的感受更敏锐，连带培养了你的同理心——对被动攻击者而言，这是一个很好的方向。

我将情绪分为两大类：正面的好心情（我们喜欢的心情），像是爱和喜悦；以及负面的坏心情（我们不喜欢的心情），像是愤怒和恐惧。如果你习惯采取被动攻击模式，你对负面情绪的认识可能受限于自身的压抑。这是因为在阻止自己感受某些情绪的同时，我们也限制了自己感受所有情绪的能力。

我们来看看正负两面的情绪，边看边想想自己何时感受过这些情绪，接着再回想伴随这些情绪一起出现的知觉感受。

描述正面好心情词汇表

快乐	幸福	喜悦	开心	满足	高兴	兴奋
期待	欢欣	庆幸	光荣	轻松	惬意	悠哉
闲适	舒坦	欣慰	热情	平静	安心	踏实
畅快	振奋	过瘾	陶醉	窝心	感动	兴味盎然
兴高采烈	无忧无虑	乐不可支	浑然忘我	心旷神怡	喜出望外	心花怒放
爱不释手	大快人心	洋洋得意	豁然开朗			

描述负面坏心情词汇表

愤怒	伤心	难过	烦躁	痛苦	忧郁	失望
寂寞	苦闷	不满	不甘	不耐	怨恨	嫉妒
屈辱	焦虑	紧张	无助	颓丧	担心	恐惧
迷惘	震惊	压抑	懊恼	混乱	尴尬	恐慌
胆怯	惆怅	倦怠	厌烦	疲乏	无聊	惭愧
扫兴	闷闷不乐	心灰意懒	心烦意乱	心惊胆战	提心吊胆	忐忑不安
忧心如焚	愤愤不平	悲从中来	愁云惨雾	无所适从	仓皇失措	黯然神伤
意兴阑珊	伤心欲绝					

练习十四 承认并表达你的感受

1.找一个能让你安静独处约十五分钟的地方。

2.用前面学到的正念技巧，集中注意力，临在当下，与你的身体合一。双脚与臀部呈一直线，以舒适的距离张开站立。注意你从地面得到的支撑。放松，膝盖微弯，把全身的重量交给地面。用心感受地面给你的支撑。

3.现在,把肩膀往后打开,慢慢深呼吸几下。按摩手臂、颈部和肩膀,感觉按摩带来的知觉感受。

4.回想某次你很愤怒的情况,仔细回顾来龙去脉,感觉心里的愤怒和伴随而来的知觉感受。或快或慢,或大声咆哮或轻声细语,以不同的方式重复说:"我很生气。"

5.注意你的身体做何反应。

6.看看有什么别的情绪浮现。一边感受这些情绪,一边大声说出自己的情绪,像是"我很害怕""我很难过""我现在觉得没那么沉重了"。

7.指出所有你所注意到的感受之后,放松下来,再做几个深呼吸。

8.如果你愿意,也可以把心里的感觉写下来,比方"临在当下感觉很安心",或是"面对自己的感受并不可怕"。

做这个练习能让你知道很多关于自己的事情。首先你会知道自己对承认和表达情绪有什么感觉,不管是愤怒还是其他情绪。

不控制亦不评断你的感觉

练习正念没能立刻上手也不用气馁,以下是一些典型的问题和可能的解决办法。一开始,你可能会觉得忐忑不安或心生抗拒,不愿探索自己的情绪。我知道这对被动攻击者而言是一大障碍,但我也知道你能成功跨过障碍。

如果你已经练习了两三分钟,觉得什么收获也没有,请再坚持一下。你的知觉感受和情绪可能有点害羞,它们不习惯受到你的注意。五分钟能有多长?承诺自己每天都练习个五分钟,诚心诚意地试着亲近自己的内在世界。我相信你会得到回报。练习正念最终会为你的人生带来不同凡响的影响。

练习正念的一个关键前提在于放弃控制。你只需要放松下来,看看心里浮现什么。不要试图为你的内在世界打草稿,或硬要把一开始浮现的感受引导到你喜欢的结论上。只要保持好奇与客观。切记,正念无关评判,你的感受没有"不好"的,心里有这些感受也没什么好可耻的。

你也要愿意改变才行。如果你有被动攻击的历史,你可能深知"无声的抗议"有什么力量。非理性心念和先入为主的自我观感及人生论调可能是你的舒适圈,但你从中得到的却是无效的安慰,否则你不会来读这本书。你想要改变。你可以改变。到头来,你会很高兴自己变了。

不对情绪作无谓的反应

很快的，你就会看到正念在生活中起的作用，也会看到它如何帮助你打破被动攻击的坏习惯，对于后者在第七章中会更深入探讨。当你不再透过各种滤镜（还记得那些在童年形成的非理性心念）看待每一刻，你就会把自己和人生看得更清楚。你也会开始和你的同伴、孩子及其他人建立更好的关系。

或许你以为正念要在昏暗的房间里练习，搭配冥想音乐和薰香。事实上，随时随地都能练习正念，不分白天黑夜，不管你正在做什么。最后，你会发觉自己纯粹就是活在当下，无时无刻不正念。

但当你面临令人彷徨或困扰的处境，需要好好掌握自己的感受时，正念就变得格外重要。正念能帮助你度过纷乱如麻的思绪与情绪。透过正念，你就能明白自己对眼前这个处境的反应，并亲近自己内心的种种感受。正念其实改变了你的脑袋消化情绪的方式，有了这套新的模式，你就能学着：

- 放慢你的反应，让你不再只是被外来的刺激牵着走。
- 好好体会诸如愤怒之类令人痛苦的情绪，如此一来，你才能接收这些情绪要传达的讯息。

- 避免采取否认和逃避之类不健康的应对策略。
- 将思绪专注于当下,不予论断。
- 敞开心胸迎接新的感受和想法,让你能够改变自己的行为。

如果你觉得自己活在一个虚假自我的外壳里,正念能帮助你打破这个外壳,释放里面那个真实的自己。你可能以为自己要很文静、很开朗、很风趣、很聪明、很乖巧(形容词任选)才会惹人爱,现在你有机会重拾被你抛弃的身份认同,无论你是谁都没关系。

面对被动攻击者,你可以先从了解自己和对方的情绪着手

一旦确认你的同伴有被动攻击的问题,你可能多少会有如释重负的感觉,毕竟问题不在你身上。或者,就算你有问题好了,那也是被对方逼出来的。然而,说别人有被动攻击的问题并不会让你成为一个身心健全的完人。为了解决问题,本书对你和对被动攻击者来说可能一样有用。

你能为自己做什么?

对于维持一段稳定的关系而言,亲近自己的感受并对情绪保持觉察,相当重要——无论是哪一种关系皆然,尤其是

面临被动攻击挑战的关系。如果你不知如何清理被动攻击者制造的困惑并专注在自己的感受上,本章有一些扎实的练习可以帮助你。

基于被动攻击机制运作的方式,我们可能会对自己的情绪有所保留,像是觉得:"她不过是有点迟到,我不该为此生气。"或者:"我干吗不高兴?他同意照我说的做了啊。我没理由不高兴。"

然而,当你将被动攻击者的行为合理化时,你的身体会把内心真实的感受告诉你。如果对方的行为让你不舒服,请多加注意。往好处看,你或许会想:"他看起来很想帮助我做这件事,我打赌他会做得很好。"或者:"她好像真的很高兴,所以我们应该会玩得很愉快吧。"

你能为对方做什么?

在一段关系中,如果对方具有被动攻击的人格,你或许能帮他／她指出他／她的情绪,并检视这些情绪的来源,尤其如果你们双方都对被动攻击的问题有共识。此时,肢体语言是一个很好用的工具,尽管它只提供单一讯息,而且对方不见得能意会过来,也不见得会据此采取行动。

我最近看了一部叫《研讨会》(Seminar)的戏剧,剧中的写作班老师贬低学生所做的一切。学生的肢体语言充满了愤怒,但他们不对老师表达;相反的,他们私底下彼此抱怨个没完,却始终不去针对罪魁祸首。而且,喔,学生还跟老师上床呢。上床这种行为传达的可是和愤怒截然不同的讯息。

话说回来，认识一些和生闷气有关的肢体语言，可能有助你了解被动攻击者的情绪——即便连对方都不知道自己在生气。有些肢体语言还蛮明显的。没错，手握拳和手抱胸都显示出对方自己可能没察觉的抵抗或防卫心态。此外，人在不高兴或想掩饰某种情绪时，往往会不自觉地低下头来。一个拥抱可以告诉我们很多：被动攻击往往表现在僵硬的肢体动作中，身体似乎有所抗拒，因而对肢体接触很不自在。

如果你注意到这些肢体语言，而且你自己的身体也告诉你情况不对劲，打开天窗说亮话可能会对事情有帮助。我们在第五章会再探讨要怎么敞开来谈，但首要的原则在于从你自己的观点去陈述。

"你看我的眼神让我很不舒服，感觉像是你在生气。"

而不是：

"你在生我的气！你怎么了？"
"我担心我说了什么话惹你不高兴。"

而不是：

"你看起来一脸不高兴。我做错什么了吗？"

再者，除非你很清楚自己的感受，而且你的情绪处于平稳的状态，否则不要开口说话。你要的是谈话，而不是对质。

你在本章已经学到如何亲近自己的知觉感受和情绪，这些心得将帮助你设下身心双方面的界限，让你保持安全的人我距离，我们将在下一章加以探讨。

Chapter
04

设下
情绪的人我界限

良好、清楚的界限是降火的法宝。

在越来越频繁地单独约会一年过后,凯伦和雷开始同居,至今已六个月。对凯伦而言,搬来和雷住似乎是很自然的发展。但在过了半年以后,她还是不确定雷对这件事的态度。

之前约会时,每每在约会完准备回家之际,雷总说如果他们住一起就好了。所以当凯伦的房租到期、房东调涨租金时,她就跟雷说似乎是时候搬去跟他住了。他不但同意,而且好像很期待,但他却补了一句,说他反正有一半时间都要出差,房子空在那里很不划算。这么现实的话让她听了很受伤,但她决定不要放在心上。

关于这段感情,还有其他事让凯伦烦心。雷一出差通常是一连两三天,她会稍微挪一下东西,让自己住得更习惯。她并不是移动什么大型家具,只是她最爱的杯子之类的厨房小物。她也会把自己的一些书和私人物品摆出来。雷出差回家一两天后，所有东西就又物归原位，凯伦的东西则被塞到一个角落。这里感觉一点也不像她的家。

凯伦把购物清单贴在厨房冰箱上，但轮到雷去采买时，他不是忘记带那张清单，就是漏掉清单上她爱但他不爱的东西。如果她邀朋友来家里吃晚餐，雷要么迟到，要么根本不到，他会说："对不起，宝贝，我工作忙，你反正有朋友陪，你不会想我的。"但当他们去参加他朋友的聚会，他又从头到尾黏在她身边，仿佛他的腰带也绑在她腰上似的。他的朋友都跟她说，雷从没这么在乎过一个女人，他们就等着看他俩结婚了。

凯伦可不确定。一天，她看到他的行李箱放在卧室一角。他从不把行李箱收起来，就仿佛他随时可能离开，即使他要一连在家待一星期以上也不例外。看到他的行李箱，她瞬间爆发了。等雷来到卧房时，她已经把自己的行李箱从衣柜拖出来，开始打包行李了。

"你干吗？"他问。

"我要走了。"她吼道，"反正你也不想让我住在这里！"

"宝贝！你怎么能说这种话？"他伸手想抱她，但她把他推开，自顾自继续打包。"不要，拜托，你不能走。"

接下来,他盘腿坐在门口地上,懊恼地捂着脸。

"雷?"

"我需要你。拜托不要离开我。"

听他这么一说,她又不走了。

虽然凯伦很快就会发现,但这时她还不知道雷有根深蒂固的被动攻击倾向。**界限的问题在被动攻击行为中扮演关键的角色。**对于自己的界限在哪里,被动攻击者的概念很模糊,尤其是在面对感情时,他们可能很难分清楚你我。但一如我们在这个例子中看到的,身为在被动攻击者身边的人,界限对别人来说也是一个问题。凯伦住在雷的公寓里,但就实际意义而言,很难说雷到底是不是跟她住在一起。她无形中接受了他模糊的界限,而在这段关系中失去了自我,也失去了自尊。

我们在第二章学过,界限模糊是被动攻击者的思维谬误之一。在第三章,我们也看到情绪是界限的先锋使者,为我们传达界限被踩到了的讯息。在这个故事中,凯伦的情绪传达了界限遭到侵犯的讯息。首先,她摸不清雷的想法。其次,她觉得自己在雷的家里很多余。最后,除了困惑不解和不受欢迎的感受,她也有愤怒的感受,但她还没聆听这些讯息。

在一段至少有一方陷入被动攻击的关系中，界限的问题是一个举足轻重的元素。在这一章，我们要来看看双方如何从检视自己的界限获益。首先，我们来看看健康的界限如何发挥作用。

界限的定义

界限是为自我身份认同画出无形轮廓的边线。在第三章，我们看到界限主要影响三个方面：身体、小我，以及自我形象。

1. 身体的界限

"个人空间"是我常和个案做的一种练习，这个练习以最简单的形式揭露出身体的界限何在。我会请个案站好，然后我再一步步朝个案靠近，并请他们在觉得不自在时告诉我。但其实从肢体语言就看得很明显，他们可能手抱胸、转移视线，甚至往后退。

身体的界限也包括更广泛的个人空间，像是我们的办公室或卧室、我们的私人物品，以及我们对肢体接触的开放程度。在非亲非故的人之间，老一辈的人觉得顶多就是握个手表达善意。时至今日，泛泛之交互相拥抱也没什么，无论是同性或异性之间皆然。然而，接吻通常仅限于可能的性伴侣,至少在美国是如此。

就性接触而言,健康的身体界限(亦即"在什么情况下可允许到什么程度")也扮演着重要的角色。"PDA"这个缩写代表着"公开展露情感"(public display of affection)的礼仪规范,至于什么样的言行举止合乎 PDA,可接受的标准多少因人而异。

2. 小我的界限

我所做的身体界限相关练习往往也反映了小我的界限,亦即一个人可以接受的亲密程度到哪里。健康的小我也包括只有某些人在某些情况下才获准进入的私人空间。

我们会向好友倾诉不可能告诉邻居或同事的心事。换言之,健康的情绪界限依我们所面对的人和双方的关系而定。假设你在工作上有一个很重要的报告,这个报告的成败关乎公司整体利益和你个人的升迁。面对最要好的朋友,你可能会坦言自己怕得要命,做完报告才吃得下饭。面对同事,你可能会说很多事都有赖这次的报告,并请同事祝你好运。面对老板,你可能会说你已拼尽全力做足准备,可以上场了。

我们也可能为了避免产生没有建设性的负面情绪,而设下把信息拒于门外的界限。我看过对乳癌诊断做出不同反应的女性。一名女性买了一本备受推崇的乳癌专著,作者是医生,书中巨细靡遗地说明了乳癌的一切,她把这本书从头到尾读了三遍，对乳癌的透彻了解减轻了她的恐惧。另一名女性也买了同一本书，但她只读了片段。她用索引找出和她病情有关的章节，选择只读这些部分。她觉得除此之外的一切只会害她多虑（"万一这也发生在我身上呢？"）而她要忧虑的已经够多了。

健康的小我界限和情绪的高墙不同，后者是我们保持距离的一种方式。健康的界限是有弹性的，可依我们遇到的人或情况调整，目的在于保护。情绪的高墙是僵化死板的，目的在于孤立。情绪的高墙显得固执、偏狭、墨守成规。两者的差异从"绝不"、"总是"之类的字眼看得出来，诸如此类的极端字眼往往是高墙的一部分，例如："我绝对不跟同事做朋友。"健康的界限则较可能显示为："我对要不要和同事走太近持保留态度。我个人尽量不想让私人交情影响公事。"

3. 自我形象的界限

多数人心里都有一个自我形象，这个形象反映出我们所看重的自我价值，也反映出我们如何看待自己在家庭、职场或社会上的角色。悉心打理居家环境并以此为荣的女性，可能会对任何这方面的批评很敏感。重视母亲角色更甚于一切的女性，则可能不在乎你说她的房子怎么样，但千万别说她孩子的不是！另一名女性可能也爱她的孩子，但她的自我形象主要在于她的事业成就。如果她失业了，孩子恐怕也安慰不了她。

自我形象不只关乎一个人的角色,也关乎一个人的价值观。

要能洞察内心的感受,才能捍卫自己的界限

愤怒是沿着健康的界限巡逻的士兵。界限受到攻击时,愤怒就会让我们知道。它的武器是大脑内建的"战或逃机制"。如果我们受到攻击、遭逢意外或面临危险,"战或逃机制"就会向大脑传送反应元素,让我们准备战斗或逃走。它让我们全身上下瞬间爆发一股能量。

贴近内心感受的人能够认识到自己的愤怒,并停下来检视愤怒的源头。接着,他们会判断什么样的言语或行动对眼前的威胁是最好的回应。如果火车上有个人坐得靠你太近,你可能会请对方多给你一点空间,或者你可能干脆去找别的座位。如果别人说了什么批评你长相的话,你可能会指正他的行为,或者决定算了不理他。重点在于正视你的愤怒、考量你的反应。

然而,很多人害怕表达愤怒。他们把愤怒的感受藏起来,不仅藏得别人看不到,甚至藏得连自己也看不见。对习惯被动攻击的人来说,把愤怒藏起来变成一种标准程序。愤怒是他们不计一切代价想要避开的东西,所以他们无视于相关的知觉感受与情绪,因而错过情绪要传达给他们的

讯息。在人际关系中，被动攻击者也怕自己如果坚守界限，身边的人就会弃他们而去。结果他们基本上毫不捍卫自己的界限，久而久之，这些界限就完全失去了意义。

界限薄弱的结果是门户洞开，欢迎别人登堂入室，从公然直接的肢体虐待，到工作上负担过重或被别人占便宜，各种侵犯不一而足。具有被动攻击人格的人会设法用迂回的方式保护自己，举例而言，他们会以退为进。在本章开篇的案例中，雷只是默默把凯伦的书推到角落里，而不正面处理他不满凯伦鸠占鹊巢的矛盾心情。被动攻击者无法果断地提出要求，转而采取一些操弄人心的手法，尽管他们多半是不自觉的。

还记得前面说过，被动攻击一般始于童年，或许是受到明目张胆的虐待，或许是从专横的父母那里得不到内心渴望的接纳。凯伦威胁要离他而去，雷就崩溃在地——这种行为反映了他对冲突与失去的深深恐惧。这种行为也是一种操弄人心的手法——他利用凯伦的心软和内疚来挽留她，但却没有真正针对症结所在，解决在他们之间造成裂痕的问题。

之所以爆发这次的事件（以及随之而来的被动攻击行为），是因为心里累积的愤怒越来越多。雷希望咖啡杯能放在特定的橱柜上，但他不跟凯伦明说，只是把被她移动过的杯子默默放回去。

良好、清楚的界限是降火的法宝。信不信由你，这些界限的存在不仅能减少压力、焦虑与冲突，还能增进相处上的契合度与舒适度。一旦知道自己和对方的界限在哪里，我们就能培养对这些界限的敏锐度，并养成尊重这些界限的意愿。有些人对情感表达、分享心情或共享空间比较自在，有些人则不然。所以，我们需要勾勒出彼此的界限蓝图并据以因应。举例而言：

- 葛瑞格不爱跟人搂搂抱抱。你顶多可以握握他的手、拍拍他的肩膀，但这就是极限。
- 有一次，我从嘉琪的办公桌上拿了剪刀来用，看得出来她对此很不高兴。现在我会记得要先问过她，不要自己动手。
- 泰德是律师，他很受不了律师这门行业受到批评。和他聊天时，我会谨记这一点。
- 雪莉不想多谈她心里的感受——至少不爱跟我谈。至于我心里的感受，她想听的也有限。

对活在被动攻击循环中的人来说，诸如此类的陈述可能显得很陌生。他们往往较难对别人感同身受，所以他们可能甚至没察觉到别人的界限。又或者就算察觉到了，他们也会判定是那个人太过敏感，是那个人有问题。

界限薄弱的特征

陷入被动攻击循环的人可能界限模糊或重叠。以下是一些你可能觉得很熟悉的例子：

• 你不保护自己的私人空间。虽然你可能觉得不舒服，但你还是允许别人靠你很近，像熟人般碰触你，或进入你的私人领域，包括房间、抽屉和计算机档案。别人在拥抱你时可能会感觉到你的抗拒，但你什么也不说。

• 你不喜欢独处。想到要自己一个人在家一整晚，你可能会打电话给朋友、不请自来跑去参加别人的活动。只要有人陪，你什么都做得出来。

• 你暴露太多自己的私事。和要好的朋友聊心事没关系，但对药妆店的店员细数你的感情生活就不必了。

• 你很容易陷入别人的情绪当中。失业的是你弟弟，痛苦沮丧的却是你。有时候你对别人的问题太投入，以至于你比当事人还痛苦。这里的症结在于，你并不是真的在分担他们的感受。他们只是提供剧本，你就自己演起戏来了。

• 你为了别人的需求而忽视自己的需求。无论别人提出什么要求，你都觉得当仁不让，即使和你自己的需求相互抵触。在本章开篇的案例中，雷求凯伦留下，她就留下来了，即使她在这个情况下很受伤。

• 就算不想，你也跟人上床，甚至是跟第一次见面的人。当对方想上床，你就觉得必须配合。你有可能第一次约会就上床——这段关系要么只是性关系，要么是不重要的关系。

• 你把"性吸引力"和"爱"混为一谈。你三番两次对人"一见钟情"，因为你分不清爱和一时的痴迷。

• 你容忍别人的虐待。你不敢抵抗，所以你让配偶或身边的人对你精神虐待，甚至拳脚相向。

• 你很容易受到一个又一个宗教团体的说服。孩提时期，你毫不怀疑地接受父母的宗教信仰（或缺乏信仰），这种"不加以质疑"的态度延续到成年之后，使得你很容易受到影响，各种宗教观点或团体随便都能说服你。举例而言，你会为传教士敞开大门，一接触到新的宗教就跟着信仰，或者过度依附宗教领袖，而没有什么个人的判断。你常常把自己的力量交出去，假设别人都比你好或比你懂得多。

缺乏界限导致的问题

在被动攻击的种种征兆中，我们不难看出界限残破不全的迹象。事实上，破碎的界限正是被动攻击的核心：童年受虐；父母之间的权力不平衡，其中一方屈从于另一方；过于严格的父母对孩子要求太多，不尊重孩子和孩子的情感需求，过分的要求和不尊重都是越界侵犯孩子的小我；父母基于这样那样的原因而不接纳孩子——这又是另一种形式的不尊重，同样打击了孩子对自我的观感。

在人格养成的过程中，没有养成明确界限的人往往会成为被动攻击型的大人。因为自卑感作祟的缘故，他们觉得自己的需求不配受到尊重。当然，对于自己所允许的伤害、忽视和侵犯，他们还是会心生愤怒，但他们压抑住心中的怒火。积压在心的愤怒往往透过破坏、侮辱、迟到、健忘或其他报复手段宣泄出来，挑起人跟人的争端，也导致关系的紧张。采取这些报复手段的人，本身可能都不知道自己是在宣泄愤怒。

被动攻击者的依赖困境

陷入被动攻击循环的人，内心往往充满与界限有关的冲突。他们深深依赖别人的接纳与关注，要别人为他们付出心力，但他们也强烈渴望独立——他们自恋地渴望事情能够按照他们的意思来做。

雷就是一个很好的例子。他要凯伦和他同住，却又让她觉得自己不受欢迎。不管是有心还是无意，他把她当成不速之客来对待，而且这位不速之客还可能待得太久了。然而，当她威胁要离开他，他又觉得心碎不已，因为他依赖她的逆来顺受，依赖她给他安全感——他不喜欢一个人独处。出差在外时，他常在旅馆的酒吧或餐厅待到没人为止。他常寻求陌生女子的陪伴，要是知道这些女性有时会跟他一起回房，凯伦恐怕会很痛心。

内心受这种冲突之苦的人，可能会显得迟疑不决，并且在口头上顺从别人的决定。表面上似乎是别人做了所有的决定，私底下却好像有什么隐而不宣的内情。虽然雷常常提议要凯伦搬去跟他住，但她才是最后做出决定的人，而且他似乎从那之后就表现得很别扭。

这种冲突的根源也来自童年。在孩子成长发育的过程中，有一个关键的步骤充满情感上的冲击，那就是"分开／独立"的阶段。随着肢体行动上越趋独立，孩子渐渐可以自己玩、自己行动，于是他们进入了一个"我不只是妈妈的附属品，但我也还不是我"的阶段。你可能在商店里或其他公开场合看到过，小孩子开开心心地四处探险，直到有个陌生人对他说话，这时他就朝妈妈飞奔过去，扒着妈妈的大腿不放。

由于对自己还不确定，所以孩子在独立的天性和受父母保护的需求间拉锯。他们可能暂时自己跑开，但又会定时查看妈妈在不在原来的地方。自己跑开的行为表达了对自由的渴望，查看的行为则显示他们对信任的熟人有所依赖。

　　父母也在和同样的问题拉锯。给孩子太多自由，孩子可能会陷自己于险境，不知如何脱困；给孩子太少自由，孩子可能无从锻炼身为成年人所需的技能。落入被动攻击循环的人大概介于这两种极端之间，他们持续产生与依赖有关的冲突和恐惧。无论是三岁或三十岁、六岁或六十岁，他们内心始终怀着不安与惧怕，一方面老是寻求妈妈的保护，一方面又厌恶妈妈的干涉。

　　当然，就连最健康的关系也包含依赖的元素。然而，这样的依赖是两个完全独立的成年人，选择建立彼此依赖的关系，同时又很清楚自己可以照顾自己。在这种情况下，依赖就变成一种礼物：我相信你会照顾我，但不会损害我独立自主的权利；我自由地选择我们互相依赖的关系，不是因为我害怕独处或不能没有你。

当被动攻击成了一段关系中的障碍

　　如你所见，设下健康的界限是克服被动攻击行为的重要步骤。不论是在工作上或私人感情上，如果你和一个常常被动攻击的人有所往来，鼓励这个人建立并捍卫自己的界限，有助于结束被动攻击的恶性循环。最重要的是，你必须格外提高警觉，注意你自己的界限，否则你就有可能要蒙受对方被动攻击的恶果。因为你的界限和对方的界限密不可分，接下来我就针对这两者加以讨论。

我们在前面学过，界限通常关乎我们的身体、小我和自我形象。如果你请别人把他们的界限写下来，他们可能会皱起眉头瞪你一眼。界限常是不言自明，大家只觉得"我就是这样"，而不认为需要白纸黑字订出规矩。然而，在一段关系中，如果被动攻击成了挑拨双方感情的第三者，画出具体明确的界限就很重要。

有被动攻击行为的人可能没有界限。事实上，这整个概念对他们来讲可能很陌生。然而，他们需要有为自己建立界限的概念，否则就走不出被动攻击的循环。他们也应该知道你的界限在哪里。对他们而言，你的界限是一套指导方针，让他们确切知道什么事情有可能惹你生气或伤你的心。更重要的或许是：你要知道你的界限在哪里。因为在这种人际关系中，你很容易就会看不清界限。

以下是健康的界限其他的重要特质：

- 清楚。你心里很清楚自己和别人的界限，认识你的人对此也一样清楚。
- 保护。你的界限让你有安全感。你知道自己可以掌握别人和你的亲近程度，他们也知道自己不该跨过哪些界限。

●弹性。你有充分的自信在必要时改变你的界限。改变界限给你自由的感觉。你不会筑起一道高墙，把别人都挡在墙外。

对于健康的身份认同和自尊，以及坚定地表达你的需求而言，建立清楚、有弹性、保护自己的界限是不可或缺的一环。即使在一开始很不好受，建立及主张自己的界限是终结被动攻击循环的起点。

练习十五　设下身体的界限

你可以自己练习，也可以找别人一起练习。如果是两个人一起练习，填完问卷之后彼此交换，对你们的关系会有帮助。

1. 找一个能让你安静待半小时左右的地方。

2. 以纸笔或你最爱的电子设备，利用以下的问卷，列一张你的界限清单：

●什么样的身体距离对我而言是自在的？和家人、朋友、同事、陌生人，分别可以靠多近？

●和家人、朋友、同事、陌生人，什么样的接触是可接受的？

- 我的私人物品和私人空间要有何种屏障？锁起来？看得到的才准碰？经过同意才能拿？我的就是你的？

- 我对性接触的观感如何？你必须等一阵子？唯有建立起感情之后才可以？

我需要有信任感？只要你准备好了，我随时都可以？

3. 在做这个练习时，你还想到什么别的身体界限问题？在你的人际关系中，如果有特别令你不安的地方，就在这里提出来。举例而言，当你们在讨论问题时，你可能希望别人用比较轻柔的语气。

4. 静坐几分钟，想想你所列的答案。这份清单真实反映出你的界限了吗？如果设下界限对你来说很困难，想想怎么做可以让你比较自在。

身体界限可能是最好辨认，也是最好接受的。尽管如此，困在被动攻击循环中的人，可能还是觉得很难辨认，也很难接受。他们可能不习惯自己"有界限"。阅读这一章的内容以及别人所列的清单，或许能帮助他们除了想想自己"应该"有什么界限之外，也想想哪些界限能让他们在这世上感觉更安全、更自在。

被动攻击者可能会抱怨别人太死板、不讲理或没有弹性,别人则要对诸如此类的抱怨提高警觉。当然,身为别人,你也要检视你的界限,但请相信你自己的判断。

练习十六　设下情绪的界限

如练习十五所述,你可以自己练习,也可以和别人一起练习。

1. 找一个能让你安静待半小时左右的地方。

2. 用纸笔或你最爱的电子设备,列出最近在你的人际关系中有哪些问题。

- 你上一次因为别人的言行举止生气是什么时候?发生了什么事?
- 你上一次被别人的言行举止刺伤是什么时候?发生了什么事?
- 如果你可以改变别人的行为,你想改变什么?
- 如果有一件事能让你在人际关系中更快乐,那会是哪件事?

3. 检视你的清单。想想是否能设下什么界限防止自己生气或受伤?

4. 用这张清单,勾勒出你认为有可能改善情况的情绪界限。举例而言,如果你想改变别人拿走你的笔不归还的习惯,你或许可以写下:"我的私人物品归我所有。你在借走之前应该先问过我,而且用过之后务必归还。"

5.静坐几分钟,想想你所列的清单。对于自己写下的东西,你是否觉得自在?

由于这些问题很接近人际关系的核心,你可能需要谨慎考虑与人分享的过程。最好的做法可能是一次只和别人交换一项。困在被动攻击循环中的人有可能你说什么都同意,所以你要提高警觉,观察他们的表现。他们是否真心愿意尊重你的界限、满足你的需求,从他们的表现来看会比口头的说法更清楚明确。

面对被动攻击者,你要优先照顾好自己

如果被动攻击者真有决心要摆脱恶性循环,身为与他/她有所往来的别人,最后这一小节的共同练习能帮助你们朝目标迈进,尤其是搭配第五章的沟通技巧。然而,实际情况不见得尽如人意。我们再来看看凯伦和雷的例子。

> 凯伦威胁要离开、而雷求她留下之后的六个月,这对情侣还是风波不断。凯伦对雷说,事情

必须有所改变，最简单的办法似乎是从居家布置着手。她搬过去时，雷建议她卖掉她的"旧家具"——她必须承认，她的家具不仅老旧，还有点破烂。现在，她想做一些改变。

首先，她为客厅买了绿色的新窗帘，雷说他不喜欢绿色。第二组是有条纹的，雷皱了皱鼻子。最后，她买了一组淡褐色的窗帘，多少能搭配墙壁的颜色。雷很满意，但凯伦觉得自己好像白忙一场。

她买了一组新的碗盘，也摆了一些她特别钟爱的餐具出来，包括她从慕尼黑啤酒节带回来的一个啤酒杯，以及她祖母留给她的一个茶杯。不出一两个星期，这两个杯子都打破了。雷说一定是清洁妇打破的，但凯伦很怀疑。

有几次，她试图请雷坐下来和她谈。他们的谈话通常非常简短，雷很快就会不高兴。他会说她不爱他，她想离开他。她为了安抚他，结果总是谈一谈就谈到床上去。

对被动攻击行为的容忍度一方面因人而异，一方面也要看这个人是否为你们的关系带来正面的贡献。然而，要知道你可能走到像凯伦一样的地步，一般的做法不足以解决问题，这段关系还是让你不好受。

如何帮助对方

被动攻击意味着这个人难以设下自己的界限,所以你更要坚守你的界限。换言之,面对被动攻击者,你必须明确规范他们的行为,不让他们越雷池一步。没错,这听起来很像警察在做的事。就某些方面而言,你确实得摆出警察的姿态。

- 把你的界限界定清楚,然后以你的界限为准,勾勒出对方的界限。
- 表明你的意愿,弄清楚对方做得到什么、做不到什么,告诉对方你要的不只是口头保证,而是真正做到。
- 做好强制执行、毫无例外的准备。视情况改变界限只会令被动攻击者无所适从。你的目标是要捍卫自己的界限。伴随而来的好处是你可以当对方的榜样,向对方示范如何踏出被动攻击的循环。
- 表达你的不满。举例而言,凯伦可以说:"你为了避开我的朋友而晚回家,我觉得这对我和我朋友都不尊重。如果你在乎我,那么认识我的朋友对你来说应该很重要。"

设下界限让对方知道你觉得自己没受到应有的对待。为了帮助他／她，你要具体说明你不高兴的是什么、你的期望是什么，也要清楚表达你的用意和意愿。以雷的例子而言，没礼貌的不是他，而是他的行为。

此外，不要在气头上进行谈话，等你的情绪过去了再说。你给对方的感觉应该是：设下界限不是对他／她的惩罚，而是为了改善这段关系所做的努力。你要向对方传达的是：如果他／她也想继续这段关系，那么他／她要怎么做，或不要怎么做。

设下界限听起来容易，做起来可没那么简单。困在被动攻击循环中的人会用他们熟悉的技巧试图抵抗。

凯伦邀一些朋友周五晚上来吃晚餐。她跟雷说得很清楚，她希望他准时出现，没有借口。他提早回家了，穿着也很得体。然而，晚餐席间，他并不怎么参与谈话。晚餐一吃完，他就向她们告辞，跑去讲了十分钟的电话。朋友离开之后，凯伦深呼吸一口气，表达了她的失望。

"我很高兴有你在，但你好像心不在焉。"

"有吗？怎么说？"雷无辜地问。

"有啊，首先，你几乎没跟我们的客人说一句话。有时我怀疑你是不是根本没在听。"

雷摇摇头。"你也知道我的工作。对不起啦，但我可能一直在想我要打的电话吧。"

"从头到尾你有没有听我们说话？"凯伦又上火了。

"喔，事实上，我听了啊。你知道，她们聊的话题我都没兴趣。不过，你跟她们在一起好像很开心，所以也不算浪费时间。"

如何帮助你自己

如果你身边有惯于被动攻击的人，最重要的莫过于照顾好你自己。你可以设下界限，但被动攻击者很擅长找借口或规避你的要求。尽管你可以要他们负起责任，但你控制不了他们的行为。你只能控制你自己。

你的心里务必要对自己的界限很清楚，如此一来，当对方越界时，你才知道自己的底线被踩到了。拯救对方脱离被动攻击的泥淖不是你的工作，事实上，你也没有权利这么做。你可以为他们找借口、延迟他们的行为带来的后果，但到头来，你只会伤到你自己。

至少对自己，你一定要坚持开诚布公的沟通。当对方说谎或找借口，你必须相信自己的判断。告诉他们，你从他们的表现看得出来他们心里真正的感受。至少对自己，你要厘清对方模棱两可的行为：你对他们能有什么期望？最后，最重要的是你要对自己的感受很清楚，你要知道自己在这段关系中能忍让到什么地步，而不至于受到太多伤害。

凯伦得到一份在其他城市工作的机会，那里离她和雷住的地方超过一千六百公里远。她的第一个反应是兴奋：那是很棒的机会，她可以有个全新的开始。当她想到要离开雷，没有他的未来似乎不是那么令人难过，感觉起来甚至是一种解脱。当晚他回家时，她就把这个消息告诉他。

"我在堪萨斯城有个机会，我想我会接下这份工作。"她说。

他一脸震惊。"你要离开我？"

"嗯，坦白说，我不看好我们的感情。我本来以为我们交往到现在差不多可以订婚了，但我不满意我们的现况。"

"你从没说过你想结婚啊！"他现在有点生气了。

"事实上，就你现在这个样子，我并不想结婚。"

"好，你高兴怎样就怎样。"他说完便走出房间。

她就照她的意愿，离他而去了。

我不是要怂恿你一出问题就放弃一段被动攻击关系。一如你在本书中会看到的，有一些方法可以让你用来减轻被动攻击的行为，和身边的人建立更坦诚、更亲近的关系。

然而,你至少需要考虑设下时限,否则可能一年又一年过去了,你还是在听各种借口和承诺,却没有看到实际上的改变,双方的感情也没有更好。如果你已经到了凯伦这个地步,可能是时候考虑离开,或至少彼此冷静一段时间,看看在你们拉开一些距离时,双方的感觉有什么改变。

不管被动攻击是不是你们之间的问题,切记有些事情的道理是不变:

- 人要为自己的感受负责,就算自己选择否认这些感受。
- 无论是好是坏,人要为自己的选择负责。
- 为了建立更稳固的关系,人需要了解及表达自己的需求和界限。

贯串这一整章的,是人和人之间对沟通的需求。我们需要用诚实和同理心来沟通,而不是回避内心感受,用虚与委蛇的行为来互动。在下一章,我们要探讨坚定果决的沟通,以及对打破被动攻击的循环、修复破损的关系而言,坚定果决的沟通能有什么贡献。

Chapter
05

明确
而坚定的沟通

温和且坚定的沟通,
是让大家都满意的双赢之道。

艾比和吉姆跟一些朋友在英格兰旅游时，艾比在石子儿路上跌倒了。她伸手去撑地面，免得整个人摔到地上，结果伤到了手臂。虽然只是一点点骨折而已，但接下来的整个下午，其他人去参观几座古老的大学时，她都得待在当地一家医院的急诊室。

吉姆留在医院陪她。他握着她的手，但他一言不发。他在想去年的意大利之旅。那次艾比是在走出教堂时，最后一级台阶没踩好，重重地跪倒在地。她没受伤，但一边膝盖严重瘀青。整团人（吉姆念大学时的一些老同学）接下来要去湖区，他们每晚会在一个不同的地方下榻，白天的爬山行程都计划好了。吉姆知道他和艾比跟不上，所以他们在威尼斯待了几天，再到米兰和整团人会合。

现在，他们在牛津医院等候。艾比很沮丧，她一遍又一遍地说着"对不起",吉姆只是点点头,努力挤出笑容。最后,她加了一句:"有时候我就是这么笨手笨脚。"吉姆笑了出来,他说:"是啊,尤其当我们在旅行的时候。"她也笑了,但不知笑点何在。事实上,她已经忘记威尼斯那次的插曲了。当她想起威尼斯之旅,她对那几天充满美好的回忆,觉得那一趟是最美好的假期之一——她平常难得和吉姆那么亲近。艾比是吉姆的第二任太太,年纪比他小一大截。和他们一起旅行的都是吉姆大学时代的好友,这些好友也会带上他们的太太。她知道吉姆喜欢和大家同进同出,但她乐得和他独处一段时间。

这次艾比只是伤到手臂。重新加入团队共进晚餐时,吉姆说:"至少这次我们不用脱队。除非要用手走路,那我就得重新考虑了。"先生们揶揄吉姆说他想找借口和艾比单独待在科兹窝(Cotswolds),太太们则很同情。艾比不确定吉姆在想什么,但她想这个风波很快就会平息。毕竟石子儿路又湿又滑,她又不是故意要跌倒的。

尽管如此,他还是把她丢给其他太太们,自顾自和他的老同学走在一起、忙着拍照。艾比手上打了石膏,有些事对她来讲比较困难,但其他太太会帮她,而且她们很贴心,让她觉得自己备受款待。

本书读到这里,你可能看得出这个案例里的一些被动攻击行为了。吉姆拿他太太的伤开玩笑,但他的笑话听起来很尖锐,没有要让她好过一点的意思。而艾比接连两次旅行都受伤,我们也不禁有点怀疑她的动机了。

这两人之间的沟通管道显然不畅通。如果界限是自我形象的蓝图,那么这些线条是用言语画出来的。在第四章,我们看到界限是被动攻击关系中的重大问题。为了让别人知道我们的界限在哪里,我们需要进行有效的沟通。

一旦涉及被动攻击,这两个步骤都成了挑战。陷入被动攻击循环的人往往没有界限或界限模糊,在他们身边的人必须小心界定并守护自己的界限,否则他们就有可能越界。此外,被动攻击者往往不愿表明自己的界限,因为他们怕会引起愤怒——要么引起自己的愤怒,而发脾气是他们深深畏惧的一件事;要么引起别人的愤怒,而他们不想冒险失去身边的人。

如果多年来你都不敢坦率表达自己的需求,那就很难要你冒着让人失望或生气的风险,说出自己的感受或告诉别人你要什么。第五章的目标是要帮助你超越被动攻击行为,或至少朝更诚实、更直接的沟通多迈几步。如果你正想戒掉自己被动攻击的习惯,本章会让你看到不畏冲突、开始表达自身需求的办法。对于在被动攻击者周遭的别人,第五章则会带你认识跟他们清楚、积极沟通的办法。你会学到如何进行有建设性的沟通,而不激起他们的防卫行为。

你们双方都要知道什么叫做坚定果决的沟通。你们也必须明白一个人如果坚决表达反对（基于好意和互敬互重），他／她的表态其实有助于建立更稳固、更亲近的关系。一开始，我们先来看看四种主要的沟通风格：果决型、侵略型、消极型、被动攻击型。你可以看看自己最符合哪一种风格。

辨认你的沟通风格

我们在前言中探讨过四种人格类型。现在，我们要回到这四种类型，并特别针对它们所牵涉的沟通风格。

1. 侵略型

在自卑感及无力感作祟之下，展现出侵略性的人，在谈话中往往一副盛气凌人的姿态，从头到尾采取欺压手段。具体的展现方式可能是发脾气、咆哮或出言侮辱。但"比大声"不是重点，侵略型沟通法的目的在于支配，个中高手或许能用说谎、开玩笑或卖弄专业达到目的。这种沟通风格最明显的线索在于别人都没有置喙的余地。侵略型沟通者的基本讯息是："你一句话都不准说！"

侵略型沟通者的特征有：

- 反应激烈、咄咄逼人。他们很容易"神经断线",气呼呼地冲进房间或拂袖而去,只要别人和他们意见不一致就大发雷霆。他们的姿态、口气和措辞以威胁恫吓为目的。
- 批评、指责他人。一旦事情出了差错,他们就会起而攻击、责怪、诋毁。
- 专横跋扈。为了"被听到",他们讲话很大声,而且常常打断别人。
- 输不起。"赢"就是一切,他们非争到别人放弃不可。

2. 消极型

消极逃避沟通的人说得很少,他们不会表达自己的需求、捍卫自己的权益、发表自己的意见。消极逃避者往往不理会他人的侮辱和自己的委屈,对受到侵犯的界限视而不见。如果他们难得发了脾气,事后会立刻觉得自己的表现很丢脸,于是连忙退回消极被动的状态。消极型沟通者的讯息是:"没关系,无所谓。"

消极型沟通者的特征有:

- 不好意思。即使只是表达一点点小小的需求,他们也觉得很不好意思,而且他们会为对他们不好的人找借口。

●退缩。他们的肢体语言显得犹豫迟疑。他们回避眼神接触,讲话害羞怯懦。

●手足无措。问他们的意见,他们会支支吾吾说不出话来,直到有别人接话为止。

●讨好他人。你很难跟消极型沟通者达成共同的决定。面对"你要什么"之类的问题,他们的答复是"都可以,随你便"。

3. 被动攻击型

表面上,被动攻击型的沟通法看起来可能和消极型一样,但你需要观察得更仔细。消极型沟通者可能偶尔爆发一次,被动攻击型沟通者的愤怒则可能是透过挑毛病和冷嘲热讽的方式,不经意地流露出来。被动攻击型沟通者可能对他们造成的观感没有自觉,或至少看起来没有自觉。被动攻击型沟通者的讯息是:"我没有别的意思,我不知道你为什么不高兴。"

被动攻击型沟通者的特征有:

●犯嘀咕。他们嘟嘟囔囔说得很小声,让人听不到。你如果问他们说什么,他们会说"没什么"。

●口是心非。他们嘴巴上说的是一回事,脸上的表情则是另一回事。他们脸上在笑,但言语恶毒。

- 冷嘲热讽。他们躲在冷嘲热讽的背后。你如果说你不想出门,他们会酸溜溜地说:"好辛苦喔,你一定累坏了吧。"语气里毫无体贴之意。

4. 果决型

果决型沟通法既清楚又直接,源自强大的自我价值感和积极建立界限、表达需求、捍卫权益的渴望。采取这种风格的人本身也乐于倾听,而且愿意理解谈话对象。果决型沟通法是有建设性的沟通法,双方在共同合作之下,达致彼此都能满意的结果。

果决型沟通者的特征有:

- 心平气和、态度尊重。他们不会以牙还牙、以愤怒回应愤怒;相反的,他们只是清楚表达自己的需求和感受。
- 自信但乐于配合。他们会站稳自己的立场,但他们也想达到真正的共识。
- 乐于倾听。他们明白别人可能有不同的意见,而且他们想听。
- 稳重自持。他们姿态放松、语气冷静,交谈时保持眼神接触。

果决型沟通法巩固人际关系，帮助双方了解对方，拉近彼此的距离，促进人与人之间的亲近。

温和且坚定的沟通之道

果决型沟通法是双赢的有效办法，它让你在表达个人意见的同时，又能得知别人对同一件事作何感想。一旦成功达成果决的沟通，双方都应该会对这次的交流和获得的结果很满意。我们回头看看艾比和吉姆是如何计划出国旅行的。

> 一天晚上，晚餐过后，吉姆宣布了英格兰之旅的计划。"保罗今天跟我联络。我们用邮件来来回回讨论了今年一起旅行的行程，看来会去英格兰。"
>
> "喔……"艾比一阵失望，她说，"所以你们每年都要一起旅行吗？"
>
> "几乎都会。打从毕业以来就固定这么做了，否则我们没有碰面的机会。反正你和他们的太太也可以一起去。你喜欢他们吧？"
>
> "是，他们人很好。"
>
> 吉姆感觉艾比不太开心。"怎么了吗？你不喜欢英格兰？还是你去过了？"

"不,没有,英格兰很棒。"艾比尽量挤出一点热情,"我上次去那里已经是十多年前了。我们一定会玩得很开心。"

"好。"吉姆说,"我请他们的太太跟你联络日期等事宜。"说完,他就伸手去拿电视遥控器。

这次谈话几乎是立刻就犯了错误。首先,在这个案例中,吉姆属于侵略型的沟通者。他直接把决定告诉艾比,丝毫没有要艾比提出自己意见的意思。艾比也没有表达她的错愕,而是藏起她的不悦,开始迎合吉姆。我们来看看如果艾比换个反应,事情可能会如何发展。

一天晚上,晚餐过后,吉姆宣布了英格兰之旅的计划。"保罗今天跟我联络。我们用邮件来来回回讨论了今年一起旅行的行程,看来会去英格兰。"

"啊?"艾比一阵失望,她说,"我以为今年我们两个要自己去耶。上次在威尼斯,我们两人玩得那么开心。"

吉姆微微一笑。"威尼斯是很棒。但我们四个总是会带着太太,全体一起旅行。这是我们联络感情的方式。"

艾比点点头。"和老朋友联络感情是很重要。我知道他们对你来说很重要,而且我也喜欢他们。"

吉姆注意到她的犹豫。"可是？"

"我们两人工作都很忙，难得有不受打扰的独处时间。或许我们需要趁出国旅行，享受一下两人世界。"

"威尼斯之旅很好，即使那次你膝盖受了伤。"吉姆说，"但我不知道我们今年有没有出国两次的预算。"

"不见得要出国。我们可以只是去山上度个周末。"

"事实上，我听说有个好地方，我来研究研究。"

"英格兰一定很好玩。"艾比现在真心期待起来了，"你们几个排好行程了吗？"

请注意，双方在这次谈话中对彼此都很体贴。他们明确表达了自己的意愿，但整个过程毫无意见不合的感觉。他们以尊重、平和、清楚的方式表达了不同的意见。

被动攻击者之所以畏惧冲突，其中一个原因是，冲突在他们眼里只有一种发展方向："要是意见不合，我们会气得对彼此开骂，伤害彼此的感情，而且最后总有一方会输。"输的通常是被动攻击者，避免痛苦或冲突就变成他们的当务之急，于是被动攻击者压下自己的怒火，采取迂回、隐晦的方式表达愤怒。

但伤感情并非是起冲突必然的结果。事实上,研究显示,冲突有助于滋润人际关系、营造良好的感情,尽管过程有时让人不舒服。我们在第六章会更进一步探讨,但在结束这个主题之前,艾比和吉姆之间的谈话还有另一种可能,火药味稍微浓了一点。

一天晚上,晚餐过后,吉姆宣布了英格兰之旅的计划。"保罗今天跟我联络。我们用邮件来来回回讨论了今年一起旅行的行程,看来会去英格兰。"

"啊?"她说,"我不知道你们又有一起旅行的计划。"

"我的确还没跟你提过。"吉姆说,"通常是我们几个挑地方,做太太的只要跟着去就很高兴了。"

艾比一时怒火中烧。吉姆的三个大学老友和他们的"第一任太太"还在一起,她们都是聪明、有趣的女人,但她们总是不被当成个体看待。"'做太太的',你的说法很有趣。"她搜肠刮肚,想办法描述她的感受,"在我眼里,她们是莎莉、克莉丝和阿潘。"

"哦?"吉姆听出风雨欲来的意味。

"我知道我是新来的太太。其他太太也是今晚接到消息吗?"

吉姆感觉不太自在。"你不高兴吗?"

"我在想,旅行有一半的乐趣来自期待。把决定权交给你们几个是可以，但至少让我们知道一下你们在想什么吧。你们在讨论要做什么的过程中，莎莉、克莉丝、阿潘和我，或许也可以集思广益啊。"

吉姆觉得很烦，他的第一任太太从来不会计较这种事。但话说回来，她是她，艾比是艾比。"这对你来说很重要吗？"

艾比露出笑容。"谢谢你问我。对，是有那么点重要。"

"那好吧。"他想了想，"你知道，我们选中英格兰，但还没讨论细节。或许太太们……"他看到她皱起眉头，"或许莎莉、克莉丝、阿潘和你可以出点主意。"

她又露出笑容。

"这样比较好了吗？"他问。

"好多了。我来打电话给她们。"

到了谈话尾声，吉姆得知他的现任老婆想参与关系到他们双方的决策。虽然没有挑明了讲，但她也谈到对女性的尊重。我试图帮助夫妻明白的一件事是，冲突能强化两人的关系——如果是以正确的方式进行。有建设性的冲突就是在实现果决型的沟通。

身陷被动攻击循环的人需要重新看待冲突，并且知道冲突的结果视开启冲突的谈话风格而定。

不带指控与批评地说出自己的想法

无论参与讨论的人或牵涉的主题是什么，果决型沟通法有一些共同的特征：发挥同理心、第一人称叙述法、主动倾听，以及有效的说法。我们一一来探讨。

1. 以同理心为彼此着想

果决型沟通法最大的一个前提看起来可能有点矛盾。我知道我一直叫你要清楚表达自己的需求和界限，但在此同时，你也要把对方的需求与界限放在心上。艾比或许很想和吉姆单独回威尼斯度一星期的假，但她也认识到（并且尊重）吉姆和老朋友联络感情的需要。相对的，吉姆感觉艾比跨越了他前妻不曾危及的界限，但他也明白她和他前妻是不同的人。

最理想的果决型沟通会带来双赢的结果。有些在这个领域的专家相信，"没人输"比"有人赢"更重要。人都不希望自己受到剥夺，也不希望自己的意愿和感受遭到忽视。借由采取双赢的沟通法，双方最后都能保有完整无缺的权利和尊严。

虽然"尊严"听起来像是属于另一个世纪、另一个星球的字眼，但它对人来讲还是很重要。在有输有赢的情况下，无论你输掉了什么，你的自尊也会跟着一并输掉。对被动攻击者而言，输掉自尊又更强化了他们的自卑和受害情结。对周遭别人来说，在令他们困惑和恼怒的情况中，保有尊严极为重要。

那么，在进行沟通时，要如何把对方的需求和界限放在心上？试着怀有一点同理心。我们在第二章讨论过这个特质。对根深蒂固的被动攻击者来讲，要同理他人可能不是那么容易；对周遭别人而言，同理被动攻击者则可能要冒一点风险。尽管如此，同理心仍是果决型沟通法的基础。

我们常说要"站在别人的立场想"，更贴切的说法是"设身处地，将心比心"：去感觉别人的感受，从别人的眼光来看你自己和这个世界。同理心加深了我们对家人、伴侣和朋友的爱。我们看到"真实的"他们，而不是我们"想象中"的他们。我们欣赏他们本身的特质，而不只是欣赏他们为我们所做的事。我们承认他们可能有不同的想法和感受，即使他们和我们共享一样的经历。同理心让我们试着去了解、去支持他们的需求，而不是只想满足自己的需求、达到自己的目的。

欧·亨利有一篇广为流传的短篇小说，叫作《麦琪的礼物》（The Gift of the Magi），这篇故事就提供了一个很棒的例子。一对手头拮据的夫妻想送对方一件完美的圣诞礼物，丈夫卖了他的怀表，这样才有钱买美丽的梳子和头饰，送给有着一头耀眼长发的妻子。妻子却卖了她的头发，买了一个表袋给她的丈夫装怀表。虽然我们可能希望能有更好的结果，但当我们支持对方的愿望与需求时，便是发挥了同理心，而不是把我们自己想要的加诸对方身上。

少了同理心，你可能会假设别人的需求和界限就跟你一样，而且他们对人生一切大小事的感受也都跟你一样。这种观点忽视了他人的个体性，结果就是你的假设可能陷你于麻烦之中。当你带某个人去你爱的寿司餐厅，结果却发现他从不吃生鱼片，你可能会觉得受到冒犯。如果你只以某个人为你提供的功能看待他（举例而言，这个人总是陪你看电影，他为你提供了一个去电影院的良伴），一旦他不想再提供下去的时候，你可能就会不高兴。

除了尊重别人的个体性，你也需要对别人有更深层的了解，才能以同理心对待他们。同理心为别人传达了你"懂"他们的讯息，而我们都希望自己有人"懂"，尤其希望身边最亲的人能懂我们。培养同理心能帮助你跨越被动攻击行为模式的阻碍，让你和你爱的人更亲近。

根据研究，除了为你爱的人带来安慰，同理心对你的健康也很好。研究显示，常有利他的想法或为他人的幸福快乐着想，可减轻身体对压力的发炎反应，并降低罹患相关疾病的风险，包括心脏病、糖尿病和失智症。

练习十七 培养同理心

1. 想想你的伴侣、朋友、家人或同事。
2. 最近几天他／她的心情如何？
3. 这个人的生活中发生了什么可能让他／她快乐、难过、焦虑或生气的事？
4. 这件事你是否也有份？你做了什么？
5. 你能做什么或说什么来改善这个人的处境？

对被动攻击者来说，培养同理心是举足轻重的一课。至于在他们周遭的人，则要注意别让同理心变成帮他们的行为找的借口。

2. 为自己发声，第一人称叙述法

当人与人彼此同理心，便是尝试以别人的眼光来看世界或眼前的状况。然而，这和假设我们知道别人的想法和感受不同。同理心不可或缺的一环在于视他人为个体。

在果决型的沟通中，第一人称叙述法就反映了我们对彼此是个体的认知。所谓第一人称叙述法，意思是把"我"的想法或感受说出来，不去指控对方造成问题，也不告诉对方应该做什么来修正问题。

果决型第一人称叙述法："'我'今天累了，如果有人帮忙，'我'会很高兴。"

被动攻击型第二人称叙述法："'你'只要空出时间，就可以帮我做这件事。'你'从不帮忙做家事。"

第二人称的"你"通常是用来控制或批评，出发点不见得是恶意，然而听在别人耳朵里，就连好意的批评也可能很刺耳。最好的批评是，人家问了你再说。即使叙述的是负面的内容，第一人称叙述法却能带来不同的效果。举例如下：

第二人称叙述法（指控）	第一人称叙述法（中立）
"你在大家面前批评我的厨艺，你这么做真的很伤人。"	"听到你不喜欢我为大家准备的晚餐，我很难堪，也很生气。我想知道你的想法，但我宁可你私下告诉我。"
"你应该去找牙医看一下牙齿，你的牙齿都黄了。"	"前几天我读到有一种新的牙齿美白技术。你听过吗？"
"工作都被你搞砸了。你从头到尾都不在状况吧？"	"我想和你坐下来聊聊上次的任务。我想解释一下你负责的部分和我们的整体策略有什么关系。"
"为什么你有话从来不直说？你快把我逼疯了。"	"我感觉你好像有话没说。我宁可听你说你真正的想法，即使我们可能意见不一致。"

被动攻击型沟通者假设所有的讨论都会引爆口角。表格中的例子示范了如何以不具威胁的方式进行沟通。如果你担心一点点的抱怨都会惹得被动攻击者不高兴，这些例子也为你提供了重要的一课。第一人称叙述法往往能让人卸下防卫，把话说开，针对引人不悦的言行举止好好沟通。

3. 学习成为一个好的倾听者

如果你参与过小组讨论，你可能就碰到过这种情况：某个人一心想让大家听他的意见，结果他都没在听别人讨论。他在脑海里演练着自己的台词，殊不知话题已经转往截然不同的方向，于是他一开口就显得偏离主题，或者他说的话别人已经在他恍神时说过了。

双边谈话中也会发生这种情况。"听"是一种被动的活动。就生理构造而言，我们的耳朵天生就是保持常开，声波穿过耳道，被内耳的神经末梢接收。"倾听"就不一样了。"倾听"主动得多，也全面得多。除了耳朵本身，倾听还牵涉大脑的思考、记忆与感受。"倾听"和"同理心"是一对好搭档，有它们联手，就能破解兜来兜去吵不出所以然来的争论。你可以透过倾听培养同理心，而同理心又会帮助你成为一个更好的倾听者。让倾听发挥效用的重点如下：

- 专注于当下。清空脑袋里与眼前谈话内容无关的思绪，抚平自己被对方一开始说的话激起的不悦反应。

- 卸下以小我为中心的防卫心态。无论是你或对方,如果愤怒或其他情绪太过强烈,不妨提出过后再谈的建议。对方如果说了什么负面的言语,不要以牙还牙或拂袖而去。
- 抱持正面的想法和感受。将心比心同理对方,要知道他的出发点是正面的,他对你没有恶意。
- 把重点放在重点上。听对方说话时,找寻你认同(或多少有点认同)的点,以你认同的点为基础建立共识。

童年经验让被动攻击者认为没人要听他们的意见。周遭别人若能练就一身倾听的功夫,不仅能让他们觉得自己受到尊重,对于帮助他们建立安全感也将大有助益。

4. 肯定并接纳对方的感受

另一个帮助被动攻击者的技巧是肯定他们的感受。这么做证明了你在听、你听进去了,而且你对他们有共鸣、你们双方都有同感。做咨询时,我常看到个案渴望自己有人倾听、有人理解。当家人不认同他们,随着时间过去,他们心里的愤怒就会越积越深,而我们已经看到这对被动攻击行为有什么影响了。

当我们和朋友一起去看电影,剧终亮灯时,我们首先可能会彼此互问："你觉得怎么样？"对多数人，这只是单纯的交换意见，不管作何回应都不涉及彼此的自尊。事实上，我们可能很享受一来一往聊聊彼此喜欢什么、不喜欢什么，谁表现得最好之类的。

真正的认同涉及更为深刻的层面。随着孩子的经验越来越宽广、复杂，父母应该要能协助他们认识并接纳自己的感受。然而，我们已经看到，有许多父母因为自己对情绪的畏惧，因而忽略或搞砸了这个任务。这是其中一种日后养成被动攻击倾向的童年生长模式。周遭别人可以帮助被动攻击者修复这道童年的旧伤，而透过果决型沟通给予他们认同，就是一个很好的策略。

1. 回想对方说了什么。复述对方的说法，不要加进你的个人意见，以确认自己清楚了解对方。你要用心倾听，有时可能要来回复述不止一次，才能完全了解对方的意思。

苏：老板要针对新的计算机计划办讲座，截至目前，我都没有收到邀请。

比尔：所以，他们要办讲座，你想去，但你没有受邀，是这样吗？

苏：是。

比尔：可是我感觉还有其他你在意的点。这个讲座对你的工作很重要吗？

苏：我还满懂计算机的，但这个讲座有可能帮我把工作做得更好。如果大家都去了，就我没去，那我会落入什么处境呢？

比尔：你觉得自己被遗漏了，而且你担心后续可能对你的工作有影响。

2. 肯定对方的感受。让对方知道你懂。

比尔：换作是我也会不高兴。你工作得很努力，而且你值得受到尊重。

苏：谢了，我也是这么想。我不知道自己为什么被冷落了。

3. 展现同理心。让对方知道你有同感。

比尔：我有过一样的经验。有一次，大家要去凤凰城的分部出差，唯独漏掉了我。我很不高兴，直到老板解释说在他们出差时，她需要有个信得过的人留在总部。

苏：所以我不见得是被冷落了。

比尔：不妨去了解一下。

秉持典型的被动攻击作风，苏没有主动找老板谈邀请她的事，而是直接断定这是在侮辱她，对她的工作甚至可能是一种潜在的威胁。她的搭档比尔协助她表达内心的感受，并探究这些感受可能蕴含的意义。他的肯定让她有勇气去找老板谈这件事。结果真相大白，苏的老板觉得以她的专业程度而言，讲座的内容太基本了。他表示很欢迎她出席，说不定她还可以帮忙补充一些东西！他只是不想为了不必要的事情浪费她的时间。

果决型沟通的原则

阅读这一章，你已学到许多果决型沟通的技巧，也学到果决型沟通如何帮助你跳脱被动攻击的循环。可能从孩提时期起，你就落入了这种循环。本章的例子向你示范如何以正面的方式表达愤怒，并借由愤怒传递给你的讯息，来辨认自己未能满足的需求和遭到侵犯的界限，如此一来，你就不必再用气话、指控、冷嘲热讽和操弄人心的手段来达到目的。

- 练习对要求说"不"。如果你没时间，清楚表明自己没时间即可，不需多做解释。
- 开始用第一人称叙述法表达你对情况的不满。"我觉得不公平"比"你对我不公平"来得平和，较不容易激怒他人。
- 处理潜在的冲突时，注意自己的肢体语言。直视对方，双脚站定（不要一直换脚站），不要做夸张的手势。

- 注意自己的情绪反应,并注意这些情绪反应引起的知觉感受。尽量把你的情绪排除在讨论之外。你需要感受自己的情绪,但接着就要转而以理智的话语表达你的感受。

- 在低风险的情境下练习果决型沟通法,例如和朋友或同事练习。不要一开始就跑去跟你的老板谈加薪。

面对被动攻击者,更要积极和他们沟通

如果你和一个有被动攻击行为的人一起生活或工作,你知道试图指出对方的问题可能就像闯进地雷区。一旦说错话,你就可能撞上一堵防卫和否认的高墙。被动攻击的人既不想直接处理他们的愤怒,也不想面对自己迂回表达愤怒的后果。他们会搪塞你,甚至把你的指控当面丢回给你。然而,这就足以让你火山爆发,并且让你们的关系没有进展。

如何帮助对方

在过去的岁月里,被动攻击者学到,藏起愤怒、嫉妒、恐惧、怨恨和受伤的感觉是最安全的。然而,在一段良好的人际关系中,你或许能说服他们谈谈内心的起伏。他们

必须要能相信你不会报复或为他们贴上"坏人"的标签。你要找到办法让你们双方都觉得得到倾听与尊重。你要怀着满足双方需求的目标,尽一己之力进行果决、清楚、公平、理性的沟通。

被动攻击者也能学着更直接,只要你按照本章的果决型沟通法指导原则去做:**从他们的角度去看、倾听他们想说的话(即使不中听,你也要洗耳恭听、尊重他们),并对他们的反应表示认同。**你或许明白有话直说的好处,但他们并不明白;你得对他们循循善诱才行。

我还很鲜明地记得,我婆婆一不高兴就会缩进她的壳里,像是有一层透明的塑胶膜将她隔绝开来,你看得到她,但你绝对碰不到她。刚结婚的那几年,我先生也有一样的习惯。我心里会想:"你变成你妈了!"(顺带一提,不要跟人说他们的行为就跟他们的父母一样,说这种话势必会掀起战火!)相反的,我说:"每当你筑起一道墙把我挡在外面,我看得到你却无法靠近你,我真的觉得很受挫。我需要你卸下防卫,给我回应。"

最近有位个案向我抱怨,她丈夫有天气呼呼地回到家,我问:"你有没有问他怎么了?"她说:"没有,我只有跟他说他脸很臭。"我发现人与人之间常常不问彼此在想什么、有什么感觉。

为什么不问呢?一部分原因就在于许多人都有情绪恐惧症。他们没有解决自己过去的问题,于是生怕别人流露出来的情绪会牵动他们自己的情绪。他们不想听别人说发生了什么事,免得听了觉得受伤或生气。

当你看到对方有话不说,反倒缩了回去,不妨温和地说:"我感觉你有点退缩,不晓得是怎么了?如果你需要聊一聊,我很乐意听你说。"或是:"如果你愿意谈,我就在这里喔!"

注意要用和缓的用语,像是"我感觉"和"你好像",而不是采取会让人感觉受到指控、批评或冒犯的用语,例如"你就是"。如果是你误会了,搞不好你会在一开始就先惹得对方不高兴,殊不知根本没事。

我们再来检视一次艾比和吉姆的例子,看看他们在急诊室共度的时间要如何变得更有建设性。这次我们姑且假设艾比是两人中的被动攻击者,而在双方的互动之下,吉姆也养成了一点被动攻击的习惯。

现在,他们在牛津医院等候,艾比很沮丧,她一遍又一遍地说着"对不起"。

"我也觉得很遗憾。"吉姆说,"有你参与的行程好玩多了。"

看他没有生气,艾比放下心来,她说:"你还记得我在威尼斯伤到膝盖吧。"

他捏捏她的手。"事实上,我刚刚就在想,连着两次出国玩你都受伤。"

"我知道我毁了你的意大利之旅,但你知道我不是故意受伤的。"

他感觉到她的自我防卫,于是伸手搂住她的肩膀。"你当然不是故意的,而且你没有毁掉意大利之旅,只是跟本来计划的不太一样。你不觉得我们在威尼斯玩得很开心吗?"

她冷静下来。"是很开心,但你本来应该要跟你的朋友去爬山。我真的很抱歉,这次不会再那样了。"

吉姆点点头。"我们可以在这里多待一天,因为我想参观那几所大学。我们到伦敦再和其他人会合,没关系的。"

"你不生我的气吗?"

"我一开始是不高兴,但主要是因为担心。我知道你有被动攻击的问题,我想确定是不是有什么事令你不满意,我们才好一起解决。"

被动攻击者很难开口谈自己的感受,因为他们害怕引起冲突或渐渐失去你的关爱。周遭别人可能需要主动打开话匣子,并且如同吉姆的做法,在谈话过程中安抚对方,一方面向她保证你对她的感情,一方面表现出你有倾听的意愿。

如何帮助自己

你可以立下一些沟通公约,当作强制措施,防范被动攻击者逃回冷嘲热讽、说闲话和罪恶感的舒适圈(对他们来讲是舒适圈)。沟通公约是向他们保证谈话会很平和的一个办法。这些公约也建立起一套架构,让你们能沟通得更顺畅。

依你们的交情而定,你可能对公约内容有一些想法,不妨从下列条约开始:

- 在约定好的谈话时间内,双方都要全神贯注,不接电话,没有其他的干扰。

- 不准指控或责怪对方。双方只谈自己的感受,不去假设对方为什么说你反对的话或做你反对的事。

- 轮流发言,不准抢话。如有必要,可以用一件物品来指定发言者,双方一来一往传递那件物品。

- 不准提高嗓门。如果有一方觉得气到要爆炸了,你们可以暂停一下,双方都不说话。到了冷静的时间结束时,如果还是气得不得了,那就容后再谈,等到你们双方都做好准备,可以平静地交谈为止。

这些公约可以给你们一个空间，在这个空间里，双方都能安心表达感受，任何横在两人之间的问题都能拿出来谈。

在这一章，我们看到果决型沟通法如何帮助被动攻击关系中的双方，透过有建设性的方式，讨论彼此的想法和感受。我们也谈到了破除有关冲突的迷思、让冲突显得不那么可怕的重要性。鉴于对冲突的恐惧在被动攻击关系中扮演着举足轻重的角色，我们在第六章会更深入探讨这个主题。

— Chapter 06 —

容许
建设性的冲突

好好处理冲突，能通往
我们追求的亲密感和安全感。

莫莉和她的独生子丹尼尔住在同一座城市。离了婚的她,现在有很多自己的时间。她很想见到丹尼尔,但她觉得如果跟他直说,他会觉得她很可悲。所以她没有直说,只是邀丹尼尔每周五过来吃晚餐。她喜欢在一周的尾声有个期待,而且她认为丹尼尔就像他老爸一样,从来不会考虑自己下厨。她知道自己厨艺不佳,但她会煮老派的疗愈食物:烤肉佐肉酱、马铃薯泥,还有简便的冷冻包微波加热蔬菜。丹尼尔向来爱吃她煮的东西。

对她儿子来讲,搬出父母家最大的好处之一,就是可以摆脱她母亲煮的食物。大学时代,他发现除了小时候那些高蛋白质的餐点之外,还有色拉和意大利面这些美味的选择。他也很讶异原来煮熟的蔬菜还是可以保持清脆。自从有了自己的公寓之后,他就买了一两本食谱书,开始自己下厨。丹尼尔也想去陪陪他母亲，他猜她自从离婚之后就没什么社交生活，但他受不了伴随着拜访她而来的食物。因为不敢跟她说实话，他就找借口逃避不得不吃的饭，有时到了最后一刻才通知她。他一个月才去找她一次，而不是像她想的一周一次。

儿子的爽约让莫莉很受伤。她罗列了各种他不想来吃晚餐的理由，多半都牵涉他偏爱她前夫，或他不愿和她处在一起——这个家的男人似乎都不关心她。她想过要问他为什么离她远远的，但她害怕听到答案。

如同多数人，莫莉和丹尼尔怕极了实话实说可能引起的冲突。究其根本，莫莉没花心思准备饭菜——她以为邀他来吃饭是一根引诱他的胡萝卜，殊不知这件事很讽刺地成为赶走他的棍子。她真正要的是儿子的爱和陪伴。丹尼尔很乐意去陪她，也很关心她，但他怕自己要是说她厨艺很糟会伤她的心。

事情有更好的解决办法，但双方必须不畏冲突表达真正的感受：莫莉想见丹尼尔，而丹尼尔不想吃她煮的东西。在莫莉和丹尼尔的这个例子当中，冲突轻易就能获得解决。

连续第三周，丹尼尔在星期四打来电话，借故不去吃晚餐。"对不起啦，妈，可是突然冒出这件事，我没办法拒绝。"

"一堆大大小小的事情让你整个月都不能来。"她说，"无论如何，事有轻重缓急，你就去忙吧，我没关系的。"

丹尼尔犹豫了一下，接着心生一计。他说："听着，星期五我很难空出时间，我们何不改到星期日晚上，这次换你过来我这里？"

"我想我可以带点吃的过去，我们两个简单吃。"她感觉有点庆幸地说。

丹尼尔皱起眉头。"欸，妈，我已经学会自己下厨了，你只要人过来就可以了。"

莫莉很讶异她儿子竟能做出这么美味的料理。席间她也发现丹尼尔的口味变了，和小时候不一样。他们决定每星期天轮流在彼此家里一起做菜。他们感觉共进晚餐为两人建立起更紧密的关系了。

如你所见，冲突不见得会搞得场面火爆，最后也不见得非输即赢、损失惨重。为什么会有冲突恐惧症？就跟很多事情一样，我们看待冲突的态度源自童年。如果家里人一有冲突就是大吵大闹，有时还涉及暴力，那么经验就告诉我们：起冲突就代表会有人受伤，而且有可能是我们受伤。如果生在一个极力避免一切冲突的家庭里，我们可能从没学到如何把冲突变成有建设性的工具。这件工具不仅能解决争端，还能促进了解、培养同理心，而在爱的关系里，了解与同理心是两个重要的元素。依赖被动攻击行为的人往往来自缺乏冲突解决模范的家庭。他们也因为生怕一点点的意见不合就会导致关系破裂，所以一心避免任何冲突。

因为别人可能会有的想法或表现而不敢说出我们的感受，这背后的症结在于我们对遭到抛弃、开除、离婚或踢出遗嘱的焦虑。为免对方离我们而去，我们就在心里累积了莫大的愤怒与怨恨。但除非对方允许，否则以和善的方式表达我们的感受是不会对别人构成威胁的。虽然丹尼尔让他亲手做的周日晚餐代他说话，但就算直接告诉他母亲说他不爱吃她的料理，那也不会要了她的命。拒绝回家陪她吃饭很伤她的心，相形之下，批评她的料理反而还好一点。说你不爱她的料理只是在表达你的感受，而不是在针对她。

如你所见，我提出了一个截然不同的眼光来看待冲突。**愤怒是你的朋友，它让你亲近自己的感受，它为你未获满足的需求和遭到侵犯的界限发出警告。**同样的道理，冲突也能成为你的盟友。当我们臣服于自己对愤怒和冲突的恐惧之下，我们就会把自己困在不满足的循环里，限制甚至损害我们的人际关系。对每个人来说皆是如此，虽然对习惯被动攻击的人而言格外重要，但对于和他们关系密切的别人来讲，这也是很中肯的建言。

我们都有需求，这些需求有时会和别人的需求相互抵触。要大家都和睦相处是不切实际的期待，但除了和谐共处之外，有效的冲突也能经由更深的了解拉近人际距离，并让我们在合作之下满足各自的需求。

所以，当彼此的需求相互抵触，当你和伴侣、老板、同事或朋友意见不一致，这下该怎么办？我们在第五章探讨过一部分的解决办法：学习以既坚定果决又富有同理心的方式沟通。到了第六章，我们要采取另一个步骤：以沟通为基础，按部就班学习处理我们和别人有所分歧的情况。

第六章涵盖各种行之有效的冲突解决策略，有助于为所有人际关系达到互益的局面。这些强大的工具告诉你如何设身处地了解别人、有效地分享你的观点，并找到一个比妥协更理想的解决方案。由于这一切皆以谈话为基础，我们就来回顾一下第五章学到的沟通技巧，看看如何将之运用到发生冲突的状况中。

果决的沟通，同理心的倾听

不管我们想从人生中的大小事得到什么，沟通是让我们达到目的唯一的途径。沟通也是培养感情的不二法门，透过沟通所建立的关系才能做我们的后盾、丰富我们的人生。许多人没有这方面的角色楷模，父母可能在不经意间传授了不当的情绪处理方式给我们，有被动攻击倾向的人尤其如此。**学习不同的沟通方式永远不嫌迟，透过不同的方式，**

我们可以既表达个人立场，又怀着同理心体贴他人。

被动攻击往往和无力感及受害情结有关，但它也和自我中心密不可分。同理心果决型沟通法一并处理了这两方面的问题。

果决的自我表达是受害情结的终结者。这种沟通风格让我们觉得有力量为自己作主，而我们的力量也会传递给对方。无形之中，我们等于在告诉对方："我相信我的想法和需求是合理的，我也相信你乐意听听我要说的话。"

怀着同理心倾听能让我们走出自我中心的世界，超越言语听到另一个人试图传达的想法和需求。我们开始从另一个角度看这个世界和我们的处境。怀着同理心倾听也能让身边的人知道我们在乎他们，而且我们想要更了解、更亲近他们。无形之中，我们等于在告诉对方："我明白你的想法和需求是合理的，我尊重也在乎你的感受。"

在我们用来探究及解决人际冲突的谈话中，同理心果决型沟通法是不可或缺的法宝。有一些不成文的法则有助于让谈话成果更丰硕。

果决沟通的法则

- 保持冷静慢慢说，不要急。
- 说法要具体明确，避免一概而论的遣词用字，例如"总是"和"从来不"。

- 不要假设对方应该知道你的想法和感受。
- 以自信的态度提出你的观点。
- 采取第一人称叙述法，例如"我现在觉得有点伤心"，而不是"你很伤我的心"。
- 注意你的语气和肢体语言。
- 坚定果决不代表霸占谈话焦点或打断另一个人。不要这么做。

同理心沟通的法则

- 全神贯注，洗耳恭听。不要一边发短信、玩微信、打游戏之类的。
- 与对方保持眼神接触，不要在对方说话时移开目光。
- 不要表现出无聊或不耐烦的样子。如果你觉得心烦或无聊，调整一下你的态度，提醒自己对你来说真正重要的是什么。
- 表现出尊重的态度，不要嘲笑或驳斥对方的感受。
- 提出问题来厘清对方的观点，以确保你确切了解对方。

- 肯定对方所说的话。
- 不时向对方复述他／她的说法，确保你们双方都知道你了解他／她的意思了。复述时不要对他／她的说法加油添醋，尤其是加上负面的形容词，例如："所以你现在想看那愚蠢的电视节目。"

若能随时在平常的谈话中练习这些沟通技巧，到了要透过谈话来解决冲突时，你就会是个训练有素的沟通高手，已经做好万全的准备了。

针对问题沟通，避免离题失焦

在一段关系中，生气或受伤的感觉是发生冲突的明显征兆。唯有在运用本书的技巧探究过生气或受伤的感觉、判定这些情绪要告诉你的讯息之后，你才有办法开始解决冲突。人在气头上，就很难把焦点放在解决问题上。除了怒火中烧的感受之外，你什么也注意不到。

在这种情况下，我们很容易就会去抨击或指责别人，但这么做通常只是激起对方的自我防卫反应。具有被动攻击倾向的人对批评格外敏感，而且他们的反应可能是不假思索就为自己辩解或找借口，不管他们是做了什么或没做什么。你可以不要落入这种一来一往的循环，不要针对这个人，而是针对问题本身，不兜圈子单刀直入。

下述按部就班的冲突解决步骤，有助于避免落入离题的循环，达到解决纷争的目的。

解决冲突七步骤

1. 冷静下来，检视你的愤怒，控制你的情绪。
2. 从各自的观点讨论并界定问题。
3. 一起头脑风暴，想想有哪些解决问题的备案。
4. 讨论各个可能的方案有什么利弊。
5. 以双赢或至少没人输为目标，选择对双方最有利的方案。
6. 执行你们谈定的方案。
7. 评估结果。这个办法有效吗？事后双方再面对面聊一聊。万一还有下次，怎么做可以得到更好的结果？

这套办法会帮助你透过既满足自身需求、又满足对方需求的方式，处理意见不合的状况，并加强你们之间的关系。这套办法中有一些适宜和忌讳的行为，有助于提高成功的机会。不妨按照你们的关系，量身打造一张属于你们的表格。你可能会有其他想补充的重点。在坐下来讨论造成冲突的问题之前，务必先让双方都看过这张表格。

适宜	忌讳
专注在现在和未来	翻旧账炒冷饭
以尊重的语气	说话大呼小叫
尊重对方的感受和想法	口出恶言辱骂对方
为自己的行为负起责任	做出侮辱的表情
花必要的时间达成共识	单方面告诉对方该怎么做
把重心放在解决问题，而不是放在谁对谁错	拳脚相向或撂狠话

为冲突解套的实用策略

现在我们手边已经有一个粗略的架构，接下来是一些能用来解决冲突的具体技巧。在此就以苏菲亚和莱瑞举例说明。

在儿子保罗的整个求学期间，苏菲亚一直都是在家工作。现在，保罗再一年就高中毕业了，苏菲亚觉得闲不下来，她想出去上班，但老公莱瑞不肯和她谈这件事。他就是把她拒于门外。以下是其中一个他拒绝谈话的例子：

"今天我和一个客户聊了聊，看来他们公司有可能要征人。"苏菲亚说。

"你为什么非得没事找事不可?我们这样很好啊,不是吗?你接到很多工作,你在车库上面有一间有模有样的办公室。你还要我给你什么?"

"我希望你能听我说。"

莱瑞伸手去拿遥控器,打开电视看新闻。

莱瑞一直以被动攻击的态度面对冲突。在他看来,如果他拒谈,那么他们就不算真的吵架。他要他们维持现状。

1. 轮流发言对谈法

在作家及教育专家马文·马歇尔博士(Dr. Marvin Marshall)的轮流发言对谈法(Taking Turns Conversation)中,双方都有说话的机会,另一方要洗耳恭听。第一位发言者针对一个主题发表简短的意见,倾听者接着阐述一下他／她刚刚听到的内容,不加进任何个人意见。如果第一位发言者的语意不明,倾听者可以试着阐述看看,再请对方加以厘清。谈话就按照这种方式,以第一位发言者为焦点,一来一往继续下去。

第一位发言者享有十到十五分钟的发言权。待双方都对第一位发言者的观点有更清楚的认识之后,就轮到第二位发言者针对同一件事或其他议题,提出自己的想法和感受。

轮流发言的过程中，重点在于安心探讨目前的问题。

苏菲亚说服莱瑞尝试用轮流发言对谈法，解决他俩的几个争议点。

在轮流发言的架构底下，苏菲亚解释说她在家接营销工作赚取的收入虽是蛮稳定的，但她用这种方式能赚的有限。在保罗的成长过程中，她答应在家工作，但保罗现在已经是高中生，课余还要忙课外活动，忙到傍晚五点之后才回家。她听说客户那边有一个职位空缺，她自认是很好的人选。她迫不及待想迎向新的挑战了。莱瑞听完之后，阐述了苏菲亚告诉他的话。

轮到莱瑞发言时，他说儿子再一年就要上大学了，他很担心存不到足够的钱。市场起起伏伏，已经对他们既有的存款造成损失。他自己经营一间家具行，他担心生意也会出问题。他告诉她，他很感激她在保罗小时候愿意负起照顾儿子的主要责任，但他认为等到保罗大学毕业自力更生了，他们再来改变现况比较明智。苏菲亚听过之后，总结了一下莱瑞的立场。

经过半小时的讨论，苏菲亚和莱瑞都觉得双方各有道理。苏菲亚说她觉得他们有必要互相听听彼此的观点，她希望透过谈话能找出意想不到的解决方案。莱瑞承诺要认真想想怎么解决。他们约好两天后排定一个双赢方案头脑风暴的时间。

双赢方案头脑风暴（Win-Win Solution Brainstorming）也是马歇尔博士提出来的，可以紧接在轮流发言对谈后进行，也可以后续再安排时间。

2. 双赢方案头脑风暴

维持和谐的关系，意味着确保每个人的需求都获得满足，大家能够健康快乐地相处在一起。有时优先顺位必须调整一番，但没有人应该受到忽略。如果最后的决议似乎总是偏袒家里的某一个人，其他人势必心生怨尤，觉得不是滋味。所以，只要有可能，就以双赢的解决方案为目标，试着找出大家都能满意的做法。

双赢听起来可能很像要大家互相妥协，但这两者是不一样的。在妥协的情况下，为了解决问题，每个人都有所牺牲，所以没有一个人能实现本来的心愿。有时妥协是必要的，但双赢的方案甚至又更好。

无论有什么感受和想法，双赢方案头脑风暴应该要在各方都彼此了解之后进行，例如在完成轮流发言沟通之后。如果还没了解透彻就急着下结论，你们拟定的解决方案可能迟早都会失败。双赢方案头脑风暴有八个关键步骤：

1. 如有可能，事先排定双赢方案头脑风暴的时间，如此一来，大家都能想想自己有什么主意要提出来分享。在思考可能的解决方案时，需要考虑的问题包括：

- 在这个情况中，我需要什么、想要什么？
- 另一个人又需要什么、想要什么？
- 我们要如何拟订一个双方都满意的解决方案？
- 这个方案是有长期的效益，还是只能暂时解决问题？
- 我们双方都会满意这个决定吗？还是其中一方或双方会有所怨尤？

2. 同意发挥团队精神，同心协力解决问题。放下对是非对错的执着，把重点放在找出双赢的方案，但也要有在必要时做出妥协的心理准备。

3. 每个人都有权拥有自己的意见和感受，要懂得尊重彼此的权利。为了不同的观点争来争去是没有意义的。对我们每个人而言，自己的观点从自己的角度来看都是成立的。不要试图改变别人的观点。在分享想法和表达情绪时，请保持冷静和耐心。

4. 头脑风暴时不要加以批评，只要讨论出众多富有创意的想法就好。为了解决问题，各方分别可以做些什么？你们有交集的共同立场是什么？各方分别想从这件事得到什么？不要删改或评判讨论出来的主意。在冒出好主意之前，天马行空的头脑风暴往往会产生一些不可行的方案，但在这个阶段，只要把任何想得到的方案都写下来，不要斥之为"愚蠢"、"不切实际"或"疯了吧"。记录各方的想法，罗列一份选项清单。

5. 评估各个选项。去掉你们不想尝试的选项，讨论最好的选项有什么利弊。

6. 做决定。哪个方案是所有人最满意的？

7. 尽可能具体订出这个方案的内容。这个方案需要每个人做些什么？这个方案合理吗？可行吗？是你想要的吗？

8. 后续再回头检验这个方案是否有效。如果没有，就试试别的方案。

那么，苏菲亚和莱瑞怎么解决他们的问题呢？

经过轮流发言的对谈，苏菲亚和莱瑞完成了第一点、第二点和第三点。以下是他们讨论出来的可能方案，以及他们对每一个方案的评估。

方案	评估	结论
等保罗毕业之后再改变现况。	苏菲亚单方面承担这个决定的结果。	不妥。
告诉保罗他的选择有限,必须要选父母负担得起的大学。	他们之所以只生一个小孩,就是为了让这个孩子接受最好的教育。保罗很聪明,上大学对他有好处。	不妥。
卖掉家具行,莱瑞去找工作。	他们家经营家具行很多年了,生意多半都很好。	可能有帮助,但节外生枝。
买彩票。	很有想象力,但不可能值回票价。	不妥。
用他们的房子办理二套房贷来支付学费。	很难贷得到,而且有长期的经济风险。	可能有帮助,但风险很高。
苏菲亚到家具行上班,负责做营销。	她的建议会有帮助,但店里付给她的还不如她自己接案赚的。	不妥。
把家里的空房租出去。	保罗离家上大学就会空出一个房间,苏菲亚如果去上班,她在家里的办公室也会空出来。	可能有帮助,但他们要改变生活模式。

他们决定让苏菲亚应征客户那边的一份全职工作,如果录取,再来讨论看看。结果她应征上的职位薪水比接个案收入高一些,而且有成长的机会。

只要行有余力，她就帮莱瑞的家具行出主意做营销。他们决定等时间接近一点，确定保罗的学费金额和他们的经济状况之后，再来考虑房间出租的事宜。在这段时间，他们关闭了苏菲亚在家里的办公室（可从车库进入），先把这个房间腾出来，为可能的房客做准备。

头脑风暴的五个要点准则

参与双赢方案头脑风暴时，我们要谨记以下五个准则：
1. 团队合作。
2. 对每个人的意见都抱持开放态度。
3. 一次针对一个问题。
4. 把重点放在双赢或全赢上。
5. 设下时限（二十到三十分钟）。

3. 圆圈解决法

另一个实用的冲突解决策略叫作圆圈解决法（Solving Circles），由知名心理学家威廉·格拉瑟医生（Dr. William Glasser）的选择理论（choice theory）发展而来。我们来看看这套办法怎么解决问题。圆圈解决法透过图形来呈现是最好理解的。在一张纸上画两个部分重叠的圆圈，把第一个圆圈定为"甲方"、第二个圆圈定为"乙方"，画出来的图形就像下图：

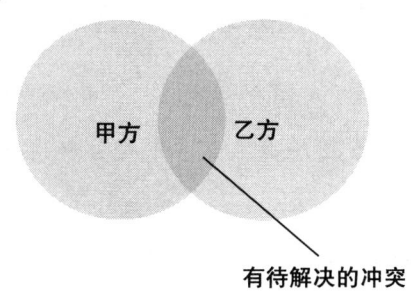

两个圆圈交集的区域，代表甲、乙两方有待解决的冲突。

人在起冲突时往往会告诉彼此应该怎么做，背后隐含的意思是对方必须改变。圆圈解决法采取不同的切入角度。两方分别从自己的圆圈或负责领域进行协商。甲方提出为了解决问题，自己所必须采取的步骤，乙方则做出相对的回应，描述自己该怎么做才能解决问题。借由这种方式，就算是很棘手的冲突也能获得解决，因为双方分别反省自身问题之所在，并为自己的行动负责。参与者明白他们只能改变自己，而不是改变另一个人。

采用圆圈解决法时不要翻旧账炒冷饭，提起往事只会让你们陷在过去。而不管你们现在做些什么，过去都是不能改变的。相反的，讨论的重心要放在未来，那才是可着力之处。

总而言之，圆圈解决法之所以能解决问题，是因为参与者不会彼此挑毛病，或告诉彼此应该怎么做。他们在保有自尊的同时负起自己的责任。透过这种方式，问题很快就能获得解决，双方的关系也能获得改善。

4. 为冲突解套的其他方式

问题的解决可能有数种形式。虽然经由共识来解决冲突是最理想的状态，但妥协和谈判也有其用处。

• 共识。在达成共识的情况下，发生冲突的各方取得共同的理解与一致的意见。达成共识需要反省力、创造力和包容力。一般而言，经由共识达成的解决方案效果强大，所有参与者都认同这个方案。这个方案保有他们的尊严，并巩固他们的关系。

• 妥协。在妥协的情况下，争议是透过双方的让步来解决。意思是各自都有所牺牲，直到双方对结果一样满意为止。妥协需要宽阔的心胸和体贴的精神。一般而言，妥协像共识一样能保有参与者的尊严。

• 谈判。在谈判的情况下，产生冲突的各方聆听彼此的意见，以了解彼此的看法。他们评估解决问题的选项，指出各个选项的优缺点。为了解决争端，大家最终讨论出一个处理方式，各自力求从谈判的结果获得对个人的好处。

直指裂痕，才能加以弥补

在某些冲突中，其中一方可能会觉得另一方的做法有欠公允。第三章的梅根和提姆就是一个绝佳的例子。梅根不仅负责照顾她自己的孩子，也负责照顾提姆的孩子，家务一律由她一手包办，此外还兼差在家工作。她从不抱怨——她以被动攻击的态度应付人生大小事，不抱怨只是其中一部分的行为。尽管如此，她还是觉得负担过重、待遇不公。她试图以被动攻击的方式表达不满——先是身体不适，接着是丢着孩子不管。这些做法都对改善整体情况没有帮助。

她的愤怒日积月累，先生又拒绝照顾她的需求，在这种情况下，梅根和提姆的婚姻显然会有裂痕。虽然她的被动攻击作风可能让情况变得很棘手，但她可以直接面对问题，寻求解决的方案。以下是具体的做法。

1. 从事发当下到摊开来谈这段时间，给自己一点时间冷静下来想清楚，并提醒对方问题的存在。提姆的孩子来度周末，梅根因而累得病倒时，她或许可以跟提姆说："我之所以身体不舒服，是因为要多花力气照顾你的孩子，压力也比平常更大。我需要时间想一想。我们明天早上聊一下这件事，好吗？"

2. 到了你想找对方谈的时候，评估一下对方的状况适不适合、能否认真思考你要谈的问题。你可以说:"我需要跟你谈谈我们该怎么做,才能好好照顾乔吉雅的孩子。你觉得现在是听我说这件事的好时机吗?"如果对方的答案是否定的,那就请他另外定一个时间。

3. 怀着保有这段关系的意图来处理问题。想想看用什么方式指出问题有益于你们的关系。举例而言,梅根可以说:"我们各自带来的孩子是这个婚姻的一部分。我希望我们和彼此的孩子都能相处愉快,大家都觉得是这个家里的一分子。为了达到这个目的,我需要解释一下照顾他们对我的影响,以及你的协助对我来讲有多重要。"

4. 不要惩罚对方。避免中伤和辱骂。不要语出责备。梅根如果对提姆说:"你的孩子在这里的时候,你总是不见人影。虽然我不能怪你,但他们真是小王八蛋。"这对事情是没有帮助的。此外也要注意,由于心里怀着愤怒的情绪,你所散发出来的能量可能给人凶恶、粗暴的印象。如果你专注在当下,谨记自己对对方的爱,就能避免落入这种陷阱。

5. 专注在主题上。说明你对这件事的感受,记得要用第一人称叙述法。例如,"我背负太多责任了。家务、工作,再加上我自己的三个孩子,我已经到达极限了。你的孩子来度周末时，我实在没有力气独自照顾他们。我需要一点协助。"

6. 穿插肯定的话语。谈话间也提出对方做得好的地方，例如梅根可以说："我知道你工作得多辛苦。为了养我们一家子，你一个人身兼两份工作。"或者，你也可以提出另一个看事情的角度，例如，"我从没提过，所以我并不意外你没注意到我的问题，你自己也有很多事情要烦心。"

7. 注意对方的反应。对方的肢体语言可能会透露一些讯息给你。如果对方有生气或自我防卫的迹象，不妨调整一下你的策略。

8. 告诉对方你想看到的改变。勾勒出你想看到的理想状况，让对方知道这对你来说为什么很重要。举例而言，梅根可以说："你的孩子来我们这里的时候，如果有你在身边，我会觉得很感激。我们一家七口齐聚一堂对孩子也好。我知道你努力要当一个好爸爸。他们需要一点你的关注。"请对方阐述一下你说的话，确定对方明白你的要求。同时不要忘了，对方必须有改变的意愿和决心才行。然而，为了保护自己，你可以根据自己的底线，设下你能接受的极限，看看对方愿不愿意尊重。

9. 后续给予对方反馈。一看到改善就予以肯定。不要只说一些空泛的赞美，而要具体指出你看到的改变。举例而言，梅根最后可以说："谢谢你星期六待在家。我知道孩子们都很高兴能去海边玩——包括你的孩子和我的孩子在内。而且，我真的很喜欢一家七口围着一张桌子吃晚餐。"如果没看到改善，就请对方再考虑一下你的要求。

10. 持续观察这种互动模式。谢谢对方满足你的要求。如果一开始的方案没有解决问题，想想看你还有什么其他办法可用。

以梅根和提姆而言，他们的问题已经到了危急的地步，可能需要婚姻咨询或其他专业的协助。然而，并非所有不公平的状况都这么复杂难解，摊开来谈好过放着心里的愤怒不管。

道歉的艺术

当别人的言行举止让我们痛苦或失望时，为什么我们会觉得需要对方的道歉？一旦受到冒犯，我们就希望冒犯者能够明白他／她惹我们不高兴了。如果对方确实打算道歉，那么我们就希望能感受到对方的诚意——希望对方是真的很抱歉伤了我们的心。找借口和假意认错都可能让情况更恶化，因为我们会觉得自己的感受遭到否认。

一旦得知自己冒犯到别人，冒犯者就需要道歉。道歉虽然是从口头开始，却不能只是光说不练。被冒犯者真正想看到的是不同的行为表现。口头道歉是对改变做出承诺，但言行一致才是改变的证据。

这对惯于被动攻击的人来讲尤其困难。他们愿意道歉，甚至是迫切想要道歉，但后续却又可能言行不一致。人与人之间，你如果在乎自己的选择和举动对别人的影响，你们双方才有所谓的人际关系可言。想维持一段关系，就要尽你所能从错误中学习，确保自己不会重蹈覆辙，如此一来，你的人际关系和你的自尊都会开花结果。

道歉的方式有对有错。那么，当别人对你有所不满时，你要怎么道歉才对？下列步骤详细说明了对你有帮助的具体做法。

1. 真心为自己惹别人不高兴感到抱歉。要知道，虽然一样的行为不会伤你的心，却会伤到这个人的心。以梅根和提姆为例，他可能没察觉到自己惹她不高兴了，毕竟她从来没有怨言。

2. 承认自己造成的伤害，负起弥补的责任。确切描述具体状况，表明你明白这个状况是哪里令人困扰。复述对方所说的话，并指出你从中注意到的地方，借此肯定对方的感受。

举例而言，提姆可以说："听得出来我丢了太多照顾家庭的责任给你，尤其是我孩子的部分。照顾我的小孩害你身体吃不消，我觉得很抱歉。让你感觉孤立无援,我甚至觉得更抱歉。"他也可以再补充一句:"真的很对不起,我不该这么做的,要怎么弥补才好呢?"

3. 保证绝不再犯。让对方知道你已经得到教训了,而且你会改变你的行为。具体说明你的心得感想和你会采取的不同做法。提姆要想想怎么减轻梅根照顾孩子的负担,同时又确保家里的经济来源。办法可能包括当他的孩子来度周末时,他要待在家里或为梅根提供额外的家务协助。运用本章谈到的技巧,这对夫妻需要好好讨论如何改善他们的处境。

如果你被卷进了被动攻击的循环,你可能需要采取一些步骤,确保不公平的情况不会重复发生。这些步骤可能包括每天自我反省一下,确定你实现了绝不再犯的承诺,或者请对方一发觉历史又要重演了就立刻提出来。

4. 对人生中能有对方的存在表达感激。告诉家人,这份关系对你有多重要。以提姆和梅根来讲,把感激挂在嘴边尤其重要。提姆或许可以说:"我很荣幸有你当我的太太。对你的孩子和我的孩子来说,你都是一个很棒的妈妈。我不知道没有你要怎么办。"

5. 请求原谅。在前面的步骤当中,你已经传达了这份关系对你的重要性。透过请求对方原谅的举动，你再次强调了之前传达过的讯息。这么做也是在让被冒犯者决定结果——要不要原谅你决定权在对方，而这可能让你觉得备受挑战。要知道被冒犯者可能需要一点时间考虑，尤其如果你犯的是很严重的过失。

6. 言行一致，切实改善。为了重新获得对方的信任，务必信守承诺，为自己的行为收拾善后。问问自己："我有什么计划？要怎么确保不会重蹈覆辙？"光有善意不足以改变习以为常的行为，你必须下定决心并时时注意。白纸黑字写下来，或许是写在日记里，或许是写在行事历上，提醒自己给了什么承诺。自我提醒的笔记能帮助你"保持清醒"，随时注意自己的一举一动，如此一来，你就不会在不知不觉间又重蹈覆辙了。

不以固有的反应模式处理冲突

谈冲突解决不能不重申现在深受过去的影响，否则就谈得不完整。眼前令我们不愉快的处境，其实常常源自过去没有解决的问题。童年所受的伤害是最初的心理包袱，我们的情绪困扰有八成都围绕着童年创伤展开。在设法解决你和伴侣、雇主、朋友或同事之间的冲突时，不妨省视一下自己，看看眼前的问题是不是你以前有过的遭遇。接下来的练习，有助你厘清过去的伤害在当前的冲突中扮演的角色。

练习十八　面对冲突时，对当下的情绪保持觉察

1. 回想最近一次你和人起冲突的状况。

2. 回顾类似的事件，看看有没有一定的模式可循。问自己下列问题：在这些事件当中，你做何反应？你心里有什么感觉？对方做何反应？对方心里看起来有什么感觉？

3. 从你的过去找出符合这个模式的经验，或者想想有什么经验和眼前的问题有关。你以前有这种感觉是什么时候？想想你为先前发生的事件赋予什么意义。你认为这些事件如今对你造成什么影响？回忆这些往事时，你有什么念头和感受？

4. 对过去的问题有所自觉之后，时时保持对当下的觉知，注意接下来涉及相同问题的情况。当你发觉自己的情绪受到牵动，停下来检视一下自己的反应，辨认并体会内心的感受，同时保持注意力，设法做出更好的选择，和对方建立良好的互动。

具有被动攻击倾向的人几乎都有情绪上的旧伤，然而，背负着旧伤不代表你就要困在旧有的反应中。透过自我觉察及对当下的觉知，你就能开始以全新的眼光看待过去。运用本章谈及的技巧，你就能开始头脑风暴出更好的解决方案。随着你敞开心扉，以坦诚的态度面对现在，你也会更强烈地体会到活在当下的感受。

面对被动攻击者，冲突或许是改变关系的良机

运用本章的冲突解决技巧，你和被动攻击者之间的关系就能有显著的改变。首先，当你是受到被动攻击的那一方，对方的行为常会让你摸不着头脑，本章提供的办法有助于你拨云见日。举例而言，被动攻击症候群的一个症状就是将愤怒投射到别人身上，因此，被动攻击者会觉得你在生他／她的气，但实际上却是他／她在生你的气。被动攻击者也可能有意无意激怒你，一旦你发脾气了，他／她就用你的表现来合理化自己的受害情结，结果是你不只觉得愤怒，同时还觉得内疚。

在你们的关系中可能暗藏了一些冲突，导致对方向你表现出种种奇怪的反应。第六章有各种客观、有效的策略，可以让你用来找出症结所在。这些策略设计得尽可能不对被动攻击者构成威胁，目的在于确保他们可以放心表达真

实的感受，并以冷静、理性的态度和你讨论这些感受。

假以时日，他们就能认识到愤怒和争执不是危及人际关系的威胁；相反的，恰当表达并好好处理愤怒和冲突能为他们打开一扇门，通往他们寻求的亲密感和安全感。

你必须带头做好这件事。一方面，在看似平静的关系背后掀起了暗潮汹涌的冲突时，你要主动采取解决冲突的策略。另一方面，你要坚持在本章所述的架构和规则底下，讨论你们双方有冲突之处。

Chapter
07

拟定
具体改变计划

你的人生是你的责任,
而且你有力量改变自己和别人眼中的自己。

在他们的朋友托马斯和辛迪眼中,艾伦和芭芭拉就像一对典型的老夫老妻,结婚二十五载,白头偕老指日可待——直到艾伦开始向托马斯抱怨芭芭拉乱花钱、体重增加,又对旅行不感兴趣。

托马斯把艾伦的抱怨说给太太辛迪听,辛迪问道:"艾伦为什么不跟他太太讲?你又不能怎么样。芭芭拉才能改变情况啊。"

托马斯摇摇头。"他说她不听。每次他稍微提一下,即使是最不尖锐的部分,她也会气得指控说他想离开她,去跟别的女人在一起。"

辛迪说:"艾伦是个光明磊落的好人,看起来不像会搞外遇。"

但到最后,艾伦真的外遇了。这段婚姻告吹,他们共同的朋友偏向芭芭拉那一边,怪罪艾伦不应该。然而,真相比表面上看来复杂得多。刚结婚没多久，芭芭拉就会用购物来表达她对这段关系的愤怒与恐惧。她会把信用卡刷爆，买一些他们负担不起的东西。每当她拒绝讨论他们的预算问题，艾伦就会用冷嘲热讽的方式指责她，例如对她说："能不能请你用你的金卡买一些猫粮呢？因为在我付清你的账单之后，我们就只买得起猫粮了。"

芭芭拉不认为自己的举动是被动攻击的行为，艾伦则不明白自己中了她的计。他给了她新的理由觉得受伤，于是他们落入了破坏感情的恶性循环。随着年纪增长，芭芭拉越来越缺乏安全感。她发觉自己的体重增加了。她拒绝他的旅行提议，认定他只是想找借口拈花惹草。

到头来，艾伦和公司里的女同事有了外遇。尽管性爱很快就成为这段关系中相当美妙的一部分，但一开始吸引他的却不是这个，而是有人能陪他聊他的生活和心情。从他和这个新对象的交流中，艾伦明白到这么多年来自己的婚姻少了什么：诚实、坦率的沟通。

然而，即使到了这个时候，他还是没有告诉芭芭拉他的感受，而是一直等到她在餐厅里撞见他和他的外遇对象。芭芭拉压抑已久的愤怒瞬间爆发。她指控他意图把她逼疯，这样他就可以送她去疗养院。艾伦搬出他俩的家，接着就匆匆和她离婚。他们从没谈过多年来是什么一点一滴瓦解了这段婚姻的基础。

由于没能克服一来一往、互相伤害的情绪反应,艾伦和芭芭拉失去了一段维持已久的婚姻。问题始于芭芭拉和她的反应方式。她按照儿时养成的被动攻击模式回应各种情况。一方面不敢表达愤怒,一方面害怕意见不合可能导致的冲突,使得芭芭拉经由情绪虐待的方式透露她的负面感受,不只是对艾伦,对他们的孩子也是。然而,她却看不见离婚这件事她有什么责任。事实上,她以为自己做尽一切来"维持婚姻和谐",结果只换来一直在她预料之中的背叛。

在走向分手的过程中,艾伦也有他的责任。他随着太太建立的被动攻击模式起舞。他试过要好好和她谈,但当她在警觉之下以拒谈作为回应,他为了避免冲突就退缩了,殊不知冲突是挽救这段婚姻唯一的办法和不可或缺的步骤。

被动攻击的那一方,是把被动攻击的问题带进一段关系中的始作俑者。在这一章,我们会从他们的角度看看被动攻击所造成的挑战。接下来在第八章,我们则会从周遭别人的角度探讨这些挑战,包括他们的情人、配偶、朋友、子女、父母、雇主和同事在内。

本能反应对人际关系的破坏

对每一个牵涉其中的人,被动攻击行为都会破坏他们的感情生活。然而,对于在人际关系中有意或无意建立起这种模式的人,它的伤害可能才是最大的。**情绪压抑和沟通障碍是被动攻击人格模式的一部分,而这两种特质与获得情感交流是相互抵触的。**虽然艾伦和芭芭拉的婚姻对他俩来讲都很困难,但艾伦后来投向一段更有前景的关系,芭芭拉则退缩起来,比以往更确信自己的受害处境,即使她才是这个悲伤结局的始作俑者。

事实上,被动攻击是待人处事的一种回应之道,我们在第三章和第四章碰触过这个主题。当别人的言行举止让我们感觉受到威胁,人类本能的"战或逃机制"就会启动,使人体分泌旺盛的压力荷尔蒙。这种反应的其中一个后果,就是人脑理智的部分(亦即新皮质)停摆,我们无法针对事发状况做出理性或深思熟虑的反应,而是变得只会"战或逃"——要么反击,要么否认、回避或逃跑。

当这种本能反应机制启动时,身体会产生一些知觉感受:

- 心跳加速,脉搏狂飙。
- 对方还在说话,你也说个不停。
- 你的目的不在沟通,而在赢过对方。

- 一些琐碎小事也变成斗个你死我活的原因。

一激动起来,你不但没在注意对方,甚至也没在注意自己。你意识不到自己的遣词用字、说话语气或肢体语言。你看不见自己的表现对别人有什么影响。你切换到"自动驾驶"模式,尽管你可能感觉到自己怒气冲天,但你却无力阻止。你只想打断对方,把问题的矛头指向他／她。如果双方都习惯依据本能做出反应,我们不难看出这段关系为什么会变成一级战区,而且注定失败收场。

被动攻击行为以各种不同的方式摧毁人际关系。被动攻击者看不见他们对自己的人际关系做了什么,所以,让我们更仔细地看一看这种行为的结果。

沟通和亲密的终点

艾伦和芭芭拉就是这种结果活生生的例子。被动攻击行为以否认、回避和怪罪他人为特征,就像是故意要让遭遇这种行为的人失去理性、火山爆发似的。如果被问及他们的感受或动机,被动攻击者会觉得自己受到攻击,所以他们总是处于警戒状态。周遭别人试图和他们冷静沟通,换来的却是翻白眼。受到这种挫折,周遭别人难免意气用事,无法保持冷静,转而以冷嘲热讽或暴怒作为反击。在一段关系中,如果其中一方有被动攻击的毛病,一旦提起这种行为造成的问题,冷静的谈话可能就会变成比大声的竞赛。

一段时间过后，双方可能都会开始觉得对方就是不听，而且不想解决问题。

一旦到这个地步，沟通就不复存在。当然，对被动攻击者而言，这只是加强了他们对于有必要自我防卫的信念，沟通的僵局就这样一直维持下去。

令人惶惶不安的环境

当双方或其中一方的沟通风格全凭本能反应时，他们就可能变成一触即发的不定时炸弹。

重点不在于他们是否真的发作，而在于双方或其中一方觉得和对方相处起来如履薄冰，随时都有受到口头攻击的危险。处于这种暴虐的环境，双方都活在提心吊胆之中，不晓得自己接下来说的话或做的事会不会点燃战火。

> 安吉拉是一份成功的保健食品杂志发行人。她认为自己是一个追求完美的老板，但她的编辑和设计团队觉得她吹毛求疵，惯以被动攻击的方式虐待下属。安吉拉给撰稿者和设计师的指示很模糊，她从不说清楚自己要的是什么。后续结果要是不符合她的标准（她的标准一日数变），她就把成品撕掉，要负责的人重做、重做、再重做。她用恐惧控制办公室，让每个人都很担心要加班。
>
> 撰稿者或设计师如果反对重做已经很完美的

成品，或是请她提出更具体的指示，安吉拉就会大发雷霆。无论对方多么委婉圆滑，安吉拉都生怕自己的权威受到挑战。她以威胁、咆哮、辱骂压制下属。新进员工很快就发现这是一个有害的办公环境，许多人（尤其是最优秀的人才）都赶紧溜之大吉，剩下的人就低声下气，并且专挑最不会激怒安吉拉的工作来做。没人冒险发挥创意，因为没人想把一周四十小时的上班时间，变成八十小时不断被她退件的挫败时间。结果杂志内容乏善可陈，离职率居高不下。

员工至少还能选择换工作，想象一下这种行事作风对孩子会造成什么伤害。

人际进展的障碍

少了沟通，冲突就永远不会解决，情况也永远无法改善。当一个人受到"战或逃"反应的制约，诚实的评语对此人来讲也会变成对人格的攻击。**在一个高度敏感、被动攻击的人听来，就连"你姐姐升职了，她真的很高兴"这种单纯的事实陈述，都能激起像是"对啦，我就是不如她，我是家里的害群之马"之类的反应。**在这样的互动之下，人际关系变得坑坑洼洼，布满无从疗愈的伤口。

退休樵夫弗兰克性格粗犷，是男人中的男人。一直以来，他都无法真心接受他的独子凯尔是同性恋。弗兰克从不直说，但他采取一些被动攻击的举动来"报复"凯尔，因为凯尔不符合他心目中堂堂男子汉的形象。他的报复手段包括取消家庭聚餐、毒舌挖苦凯尔的男友，以及"忘记"在他太太买的生日贺卡上签名等。几年下来，这些搞破坏的小动作使得凯尔再也不和他父亲说话。

凯尔的姐姐汉娜花了一年时间扮演和事佬，她不止一次劝凯尔和弗兰克见面，约在外面餐厅之类的地方，让双方"把心结解开"。但弗兰克从没赴约，一方面他自认什么也没做错，一方面他觉得有这个儿子很可耻。有几次，汉娜设法谨慎、体贴地和他谈，结果只演变成弗兰克大吼大叫，她被吼得躲回车上掉眼泪。由于不能（或不愿）正视自己的恐同症，弗兰克面临永远失去儿子的风险，可能还要连带上失去他的女儿。

如同我们在第六章看到的，冲突是修复伤口、促进交流、增进感情的办法。一旦对冲突充满畏惧，这段关系的希望就变得越来越渺茫了。

用受害者的姿态逃避责任

当你只是凭着冲动做反应，就等于是把力量交到对方手中，让对方的话语决定了你的情绪和行为。你直接跳到情绪化的结论上，没有消化一下对方所说的话，确定你明白他／她的意思。你不让对方的心意透过对话传达给你，而是表现得就像你需要捍卫自己一样。这种软弱无力的姿态往往是被动攻击模式的一部分，其所导致的结果又坐实了你的受害感。这世界对你虎视眈眈，最好的办法就是闪躲。

当你把力量交出去，还有一个更难以察觉的不良后果，就是你也说服自己相信你没有责任。不管你遇到什么事，不管你对这件事做出什么回应，不管你说了什么或做了什么，都不是你的责任。你站在无辜受害者的位置上，把所有过错怪在别人头上——错就错在芭芭拉的老公背叛她，安吉拉的员工既无能又不尊敬她，弗兰克的同性恋儿子令他蒙羞。

事实绝非如此。**被动攻击者对自己和别人都有很大的力量，而唯有当他们为自己的言行举止负起责任，他们才能开始改善自己的人生和人际关系。**

想改变，从自己先负起责任开始

容我澄清一点：我要请你为自己的有害"举动"负责。我的意思不是在说"你"是灾害。

事实上，不只和你互动的人蒙受这些举动之害，你自己可能也深受其害。尽管如此，除非你为自己的行为负起责任，否则一切都不会改变。除非你签名背书，否则没人有办法帮你解决被动攻击的问题——没有一个善解人意的伴侣、专业的咨询师或新的工作能替你做到。

你值得幸福。你有资格得到诚实、稳固的关系带给人的喜悦与支持。为了达成这些结果，你要明白你就是自己最大的障碍。改变向来都是挑战。要改变从童年以来根深蒂固的行为一定会很辛苦。但话说回来，这是最有意义也最值回票价的事情。改变能帮你突破既有的人际僵局，并在现在与未来创造更健康的关系。

首先，对于需要加以改变的地方，你必须"承认自己有责任"。你要诚实面对自己、严格检视自己的行为，一旦辨识出症结所在，你就要下定决心毫不动摇、持之以恒地达到改变的目标。你只能改变自己，但光是改变自己就够了。为了改善情况，你要做的就只是改变自己而已，但那是带来好结果的不二法门。

我再说一次：首先，对于发生在你身上的遭遇，以及你对这些事情的感觉，你必须"承认自己有责任"。对深陷被动攻击循环的人来讲，这是极其困难的一件事。你对每一件事都有一套借口或说词。别人的无心之举在你眼里都是攻击。甚至在还没遭到批评之前，你就已经准备捍卫自己了。你从狭隘、自私的角度看自己，以至于无法诚实、客观地面对自己的言行举止。

如果你约会迟到了，想想你是否该早点出门，而不是怪公交车不准时或路上塞车。如果你的作业拿到低分，不要怪老师，想想你按照指示去做了吗？你有没有给这份作业充裕的时间？你仔细检查过作业内容了吗？如果别人好像在生你的气，想想对方有没有理由生气，诚心诚意地问那个人你哪里做错了，或者反省一下自己的行为，看看可能是哪里惹人不高兴。

你也要为自己的感受负起责任。在第二章和第三章，我们学过要如何准确辨认自己的感受。假设你想看电影，但你的朋友比较想去听演奏会，这单纯只是你们对某个夜晚有不同的安排，不代表你的朋友让你失望了，或你的朋友对你的品位有意见。这是稀松平常的意见分歧，用第六章中的技巧就能解决。如果你觉得心里不舒服，那是你的问题，而不是你朋友的问题。

别忘了，在推卸责任的同时，你也交出了自己的力量，所以在负起责任的同时，你也拿回了掌握人生的力量。你可以成为自己想成为的那种人，你知道自己是谁，你有力量为自己的需求提出要求。这种改变必须由内而外。旧有的思维模式不但造成伤害，而且不符合事实。本书针对重新亲近自己的感受、抛弃旧有的思维模式谈了很多，第三章谈到的正念，对于你必须做到的改变而言，这种活在当下的技巧是最重要的工具了。

因为你没办法改变自己没有察觉到的事，而唯有透过专注于当下，你才能察觉到自己做了什么，你才会注意到自己的内在、外在世界发生了什么事。如同第三章所言，专注于当下是你的责任，你对自己的生活有多深或多浅的觉知，完全操之在你。正念既是一种技巧，也是一种练习；它是冲动行为的反面。

暂停一下，别急着做出回应

正念让我们把心锚定于当下，敏锐地察觉到自己说了什么、有什么感受，以及我们的言行举止对他人有什么影响。这层自觉让我们放慢反应，有意识地控制纯属反射动作的表现。

正念帮助被动攻击者意识到自己的行为和用来回避责任的防卫机制。从第三章的练习当中，你能学到控制反应的简单技巧，进而自觉地选择更健康、更有建设性的回应方式。

在被动攻击的行为底下，你看到的是"别人对你做了什么"。透过正念,你转而向内探索,明白到"你对自己做了什么"。你穿越纷乱的思绪,了解到自己的感受具有什么意义。我会建议我的个案静坐呼吸,专注于当下,不带批判的眼光,随着呼吸看看你的感受告诉你什么讯息。

透过训练自己觉察自身的情绪和生理反应,你就拥有了停下来好好想一想的力量。在受到刺激和做出反应之间,你创造出一个缓冲的空间。你放慢反应,三思而后行。你花时间体会你的胃越揪越紧的感受,问自己:"这种感受告诉我什么讯息?"你对他人做出有意识、有建设性的回应,而不是采取被动攻击典型的防卫反应及迂回手段。

正念可以改变一段遭被动攻击搞得四分五裂的关系:

- 正念帮助双方克服逃避、指责和防卫等负面看待情绪的习惯。这些习惯只会让被动攻击的循环永无止境继续下去。
- 正念让你不带批判眼光地感受自己的愤怒,并透过理性的方式表达你的愤怒,从而释放愤怒的情绪。
- 正念帮助你有意识地选择遣词用字和一举一动,在沟通过程中减轻可能的冲突、平息双方的怒火,并突显你的目的——如同第六章所述,你的目的是解决冲突,而不是破坏关系。
- 正念帮你找回自信、幽默、谦虚、将心比心、同理心和尊重等强而有力的工具。

- 正念帮助你如实倾听别人的话语，并据以做出回应，而不是只听到你自己的解读或诠释。
- 在你和被动攻击者的往来互动中，正念帮助你一发现被动攻击的迹象就和对方沟通，它也帮助你在情况失控前就解除状况。

小孩子闹脾气时，我们会叫他们去罚站。这种做法给他们机会冷静下来、重新控制自己。

正念就是成年版的"罚站"。它给我们机会暂停一下，看看胃部一揪或喉咙哽住的感觉代表什么意思，如此一来，我们才能采取积极正面的做法。

练习十九　你的正念有多强？

关于凭着冲动做反应的倾向，以下有八个叙述句，依据符合你个人状况的程度，从1到5选出一个数字。

1. 在谈话当中或意见不合时，我把注意力放在自己做了什么，而不是放在对方做了什么。

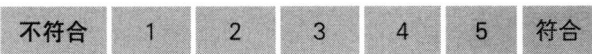

2. 双方意见不合时，我会洗耳恭听，不会满脑子想着当对方告一段落时我要说些什么。

| 不符合 | 1 | 2 | 3 | 4 | 5 | 符合 |

3. 我善于让思绪慢下来，客观地观察自己的想法、感受和言行举止。

| 不符合 | 1 | 2 | 3 | 4 | 5 | 符合 |

4. 面对冲突时，我能以冷静、接纳的态度，看待我自己和对方的想法及说法。

| 不符合 | 1 | 2 | 3 | 4 | 5 | 符合 |

5. 我能跳脱小我，如实看待对方的言行举止，而不认为对方是在"针对我"。

| 不符合 | 1 | 2 | 3 | 4 | 5 | 符合 |

6. 在意见不合或起冲突时，无论我观察到什么，我都能专注于当下，不带着过去或未来的包袱。

| 不符合 | 1 | 2 | 3 | 4 | 5 | 符合 |

7. 在谈话当中或意见不合时，我能持续注意自己的想法、情绪和知觉感受有什么转变。

8. 在谈话当中或意见不合时，我始终都能有意识地选择我要做出什么反应。

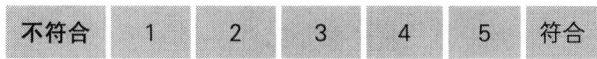

关于经由正念的沉淀或只凭冲动做反应的倾向，看看你还有什么其他的想法，现在花一点时间写下来。

把你的得分加总，如果总分介于 32 至 40 之间，你平常在人际互动中很可能发挥了强大的正念。相形之下，如果总分介于 8 至 16 之间，你的冲动行为可能正在危害你的人际关系。如果总分介于 17 至 32 之间，那你可能就像许多人一样，有时正念有时冲动，综合了这两种倾向。

指出被动攻击行为的问题所在

指出问题是**解决问题的一半**。你没办法改变你看不见或不承认的问题。以下是被动攻击行为典型的一些问题，秉持正念和乐于负起责任的态度,看看这些行为是否构成你的人际问题。这些行为分成三大类:不动声色的反应、背道而驰的行动和沟通孤立。

1. 不动声色的反应

受到挑战就心生防卫是被动攻击行为的一大特征,即使这些挑战是想象出来的。有时"直接否认"也是防卫的手段之一。举例而言,假设邻居请你在她出远门时帮忙照顾猫,她从你的肢体语言看出你不是很想帮忙。

> 邻居:你好像有疑虑。我的要求太过分了吗?你是不是有别的事要忙?你怕猫吗?
> 你:我不怕猫。我想我一定腾得出几分钟照顾它们的。
> 邻居:我不想勉强你喔!
> 你:不会啦,不勉强,没问题。

另一个被动攻击的特征,是为自己的行为准备好一套借口或理由。假设邻居回家之后发现满地猫粮,下次看到你时,她问你发生了什么事,你或许会说:"它们好像很不高兴我跑进你家,所以我只是把猫粮倒出来。弄好猫粮,我就不敢再去打扰它们了。"或者:"你知道吗?我第一次踏进你家就猛打喷嚏。我应该留了足够的食物给它们吧。"无论如何，你都显得仁至义尽了——不管是猫咪不欢迎你，还是你对猫咪过敏，而你的邻居能有什么怨言呢？

"生闷气"和"自怜"是被动攻击人格模式的另外两个特征。生闷气的人会让每个人都感觉到他／她不高兴，但你如果问他／她，他／她又会否认自己在生气。自怜是更为内在的一种心理，在这种心理的作用之下，受害情结就成了理所当然的结果。落入受害情结的人觉得每个人都在占他／她的便宜，甚或觉得自己受到命运的捉弄。之所以如此，其实是因为他们没有表明自己的需求和界限。

2. 背道而驰的行动

另一类的被动攻击行为，特征则在于表现出来的行动和原来的目的背道而驰。接收到老师或其他权威人物的指示，孩子可能会心不甘情不愿地服从或暂时配合，以负面的态度照做，或是老师一转过身就不做了。"虎头蛇尾"是这种行为的变化版：我同意做某件事，但我只做一半，没有完成。再不然就是"拖拖拉拉"：我拖到为时已晚或有别人去做为止。"故意搞砸"则是虽然做了，但做得奇差无比，这样以后就不会有人再叫你做了。有时候，被动攻击者"对竞争的畏惧"会以这种爱做不做的方式表现出来，显得自己能力不足，只能勉强胜任。尽管安吉拉的要求太高，但她也表现出这种特质了。

"从中作梗"则又更进一步。不同于拖拖拉拉，从中作梗的行为故意害事情无法完成。你的朋友想看一部你不想看的戏,所以到了出发的时间,你还没准备好,而且你忘了重要的东西,必须中途折返。"习惯性的迟到和健忘"是这种模式的一部分。被动攻击行为也可能包括"有意无意地报复"。

3. 沟通孤立

归纳在这一大类的沟通障碍,有些是我们很熟悉的问题,例如"缺乏同理心"或"无法专注于当下",以及"根本不听"。这些表现都和开诚布公的交流相悖,它们显示出被动攻击者对亲密的恐惧——由于害怕被拒绝,所以不愿表露自己的内心。这种态度也表现在被动攻击的谈话风格中,例如"模棱两可",不说清楚自己的计划或想法、怕自己做错就一直举棋不定、嘟嘟囔囔地不知道在说什么、说法令人费解、转移对方想谈的主题或焦点等。面临冲突时,被动攻击者往往彻底回避话题。

被动攻击行为更大的一个问题是"负面"。"对,可是……"是被动攻击的经典句型。这些人看不到甜甜圈,只看到中间那个洞。而且,天啊,那个洞可是危机四伏!被动攻击者总觉得别人很可疑。在他们眼里,这世界是一个充满敌意的地方。基本上,他们人生中的一切都被这种负面的态度笼罩。你或许想告诉我你有很多不快乐的理由,但容我提醒你,据说美国前总统林肯有句名言:"就多数人而言,只要下定决心,想多快乐就有多快乐。"诚然,每个人都有困难的时候，但快乐与其说是一种客观事实，不如说是一种个人心态。

恐惧使人陷入进退两难的困境

如果你已经认识到自己有被动攻击的倾向，而且你愿意卸下心防，诚实地承认自己有责任，以开放的心胸迎向这一章。那么，读到这里，你可能又会觉得很困惑。你终于看见自己的行为在别人眼中是什么样子，无怪乎你有了和他们一样的问题：你为什么要做这些事？

现在，是时候回顾你在第一、二、三章所学到的各种练习法，亲近你的愤怒，厘清它所传达的讯息，并检视你的惯性思维，发挥正念的技巧，整顿你的内在世界。

被动攻击有一些典型的恐惧心理，你的行为有可能是畏惧之下的结果：

- 畏惧竞争
- 畏惧依赖
- 畏惧离弃
- 畏惧亲密
- 畏惧脆弱

值得注意的是，这些恐惧其实互相矛盾。你既害怕身边的人离你而去，又害怕暴露出自己脆弱的一面，然而，暴露自己的脆弱才能拉近两人的距离，建立更亲密的关系。你害怕自己对别人产生依赖，但面临竞争又会退缩起来。你似乎总是落入进退两难的处境当中。

练习二十　透过书写，直探你的想法和感受

以下是从不同角度看待自己的一个办法。

1. 假装你在写小说。创造一个代表你的角色和一个代表别人的角色，描述、刻画这两个角色。他们不必和真人一模一样，但应该要有一样的基本特质。

2. 现在，写一段情节，刻画上一次你和别人相处困难的情况。

3. 巨细靡遗地描述引起双方不愉快的事发经过。别忘了你的读者不在现场，所以现场的一切都要涵盖进去。

4. 小说不只告诉你故事中人说了什么、做了什么，也告诉你他们的想法和感受。把这些元素加到你的故事当中。

5. 如果你不清楚自己的感受，回顾一下第三章的内容。通过静坐回想当下情境，你可以重新体

会身体的知觉感受，看看是什么思绪、情绪、回忆或画面引起这些知觉感受。

6. 你写的是小说，所以你可以发挥想象力。为了重现别人的想法和感受，你需要设身处地将心比心。把自己摆在别人的角色，想象对方会有什么念头和反应。

7. 动机是小说里很重要的一部分。看看你所设定的角色和情境，接下来应该发生什么事？为什么？

8. 一遍又一遍重问一样的问题，一步接一步经历整起事件，让故事循序渐进发展到结局。

9. 由于是虚构的，故事结局可以和真实情况不同。如果你写出了不同于事实的结局，看看你改变了什么。

10. 你也可以批评你写下的故事。你的角色表现出被动攻击的典型行为了吗？

为什么？还有什么可能的反应？把剧情重新改写，看看改掉被动攻击的反应之后有什么结果。

了解自己为什么会有被动攻击的行为，并不会为你提供继续这么做的借口或理由；相反的，这层自我认识为你打开大门，迎来改变的可能。

改变自己，成为你想要的那个人

对于人生中的种种遭遇，你既然已经承认自己有责任，也认清了自己的被动攻击行为，并探究过自己为什么选择这种因应方式，改变的时刻就来临了。请注意，承认自己有责任是第一步，尽管在这里也适用。但在一开始若是不能坦然为自己负起责任，接下来的其他步骤也不会有结果。你还是把矛头指向别人，而不指向唯一该为你的人生负起责任的那个人，亦即你自己。

现在，是时候落实负责的态度、做出让人生脱胎换骨的改变、为旧有的人际关系带来新气象，并对旧雨新知都敞开心扉，迎接亲密的情谊。正念是你迎接这项挑战的最佳盟友。**时时注意自己的言行举止和情绪起伏。当你和人起冲突或别人对你不满时，尤其更要提高警觉。把冲突当成一记警钟，敲醒又陷入沉睡的自己。**

拟订具体的改变计划

虽然"决心"是改变的关键，但这项艰巨的挑战光靠意志力是不够的。抽象的决心不足以让你活出不同的人生，你需要拟订具体的计划。

我在前面请你辨认过自己的被动攻击行为，现在我要请你就这些行为列出一份清单，并从中选出你最常有或对你和别人来讲最麻烦的几个行为。用纸本笔记簿或电子设备整理一张表格出来，针对每个行为，描述事发背景和受它影响最深的人。表格看起来大概像这样：

行为	背景	动机	受影响的人
迟到	公司里的小组会议	开会让我很焦虑。我畏惧竞争，我觉得自己的表现和别人比起来一定很糟糕。	主管和同事
虎头蛇尾	小组报告——我不曾准时交出我分配到的部分。	我不确定怎么做，又怕自己做得不够好。如果可以先看看别人做了什么，我做起来就会比较容易。	主管和同事

现在再列第二张表格，检讨你的动机，订一个新的目标，以克服令人反感的被动攻击行为。一旦立定目标，就要勇往直前尽力做到。当我们需要减重时，我们往往会从严格的饮食规范开始，帮助我们习惯"少吃一点"的行为。接下来，我们可能可以渐渐放宽标准，但我们需要严格的饮食规范将我们导向正轨。你的第二张表格看起来可能像这样：

行为	检讨	新的目标
迟到	我怕开会，因为我觉得和别人相比会显得我很糟糕，但迟到就是一种糟糕的表现。	开会前率先到场，趁别人集合时，借由深呼吸让自己冷静下来，针对接下来要讨论的主题整理一下思绪。
虎头蛇尾	我总是迟交，因为我想先看看别人做了什么。落后别人一步让我有安全感，但也显得我做事没效率，而且拖延了完成公事的进度。	下次一接到分配的任务就去找你的主管或资深同事，表明你下定决心准时交出报告，希望他们能在过程中给你一些指教，让你确定自己交出的东西符合整体报告所需。另一个可能的做法是找人合作，如果有同事分配到的工作和你类似，不妨找对方一起合作。

以下再举一例：

行为	背景	动机	受影响的人
自我防卫	我好像做了什么让别人很失望的事。	我就像一座灯塔，总是在地平线上搜寻自己可能受到的批评。我怕身边的人会生我的气，甚至离我而去。	我的伴侣
找借口	别人问我为什么做了或没做某件他们要我做的事。	我不想惹他们生气。我不懂自己为什么被怪罪。	我的伴侣和同事

说到这里，我要提醒你想一想前面节食的比喻。自我防卫和自圆其说是被动攻击的主要特征，所以我要请你采取恰恰相反的做法，直到你能在两个相反的极端之间找到自信的平衡点，养成坚定果决的人格特质。

行为	检讨	新的目标
自我防卫	这里的关键字是"好像"。别人"好像"很失望、很生气或很不高兴，所以我就：（1）假设他们真的不高兴，（2）跳进壕沟准备作战。	开诚布公负起责任。首先，你要确定别人"真的"不高兴。"我是不是做了什么惹你不高兴？"是一个好的起点，但你要真心想知道答案，并做好听听自己做了什么的心理准备。 如果你确实有问题，就要为自己负起责任。问问对方："我要怎么补偿你？""我要怎么做才能改善？"
找借口	我把所有过错怪在别的地方，怎么样就是不把矛头指向我自己。	我要再次请你采取恰恰相反的态度："我明白我这里做错了。我要怎么改正？" 想想请人喂猫的那位邻居。不要找借口，而是正视自己的过错说："直到第一次踏进你家，我才知道我那么怕猫（或对猫过敏）。我留了很多猫粮在外面，但我知道它们搞得一团糟。真的很抱歉。"

最后，我们来看看两个严重的沟通问题——模棱两可和负面。

行为	背景	动机	受影响的人
模棱两可	任何别人要我做选择或做决定的情况。	我不知道自己要什么。我的决定可能惹人不高兴，或者让我遭到批评、拒绝、排挤、遗弃。也说不定我到时候改变心意不想做了。我不敢许下承诺。我害怕为自己的选择负责。	伴侣和朋友
负面	这就是我的世界观。我很实际。	如果做最坏的打算，我就不会失望。我不想要抱着希望，免得希望落空而伤心难过。	每一个我认识的人

这两种行为都反映了看待人生的态度、应对进退的作风。它们可能是源自童年经验，因为在我们还小的时候，父母并不允许我们拥有真正的选择自由。即使父母询问你的想法，他们也不是真的想听到你的答案，而是想从你口中听到"他们的"答案。如果一直说不中，你可能就要一直猜来猜去，直到接近正确答案为止。负面的问题甚至更严重，它会破坏你眼中看到的人生风景，陷你于永恒的黑暗之中。尽管如此，请别忘了你有改变的力量。

行为	检讨	新的目标
模棱两可	犹豫不决或许是我父母一贯的表现，但我看得出来这种表现为我现在的人际关系制造麻烦。我愿意为此负起责任。我也明白决定就等同承诺。别人期待我表明要或不要，并且贯彻始终。这才是成年人应有的表现。	规定自己在短期内要当一个"总是做出决定"的人。如果有人邀你去吃晚餐，想清楚你对这个邀约的观感，表明要去或不要去。如果有人问你意见，那就把你的意见提出来。不要闪烁其词。"或许吧"、"都可以"和所有诸如此类的措辞，一律必须从你的字典里删除。
负面	负面是一种世界观，这种世界观并不切合实际。真实世界更为多元，并非只有悲观的一面。别忘了，如果没有甜甜圈，就没有中间那个洞。那个洞没有味道，也没有营养。那个洞没有价值可言。请开始把焦点放在甜甜圈上吧！	找金凯瑞主演的电影《没问题先生》(Yes Man)来看。这部电影是从英国作家丹尼·华勒斯(Danny Wallace)的书改编而来。主角发觉自己落入黑暗、负面的心态，决定在未来的一年内对所有送上门的机会都说"没问题"。他有一些你可能不想步上后尘的冒险经历，但整体而言，结果是正面的。 给自己一个不那么极端的目标：每天对三个送上门的机会说"没问题"，并且在日记中记录下来，也记录一下它们的结果。 每天晚上、一天不漏，在日记上写五件当天发生在你身上的好事。没有"对，可是……"只看甜甜圈，不看那个洞。

想象一个新的你

每天每天，当我们回应周遭世界、在心里对自己说话时，我们都在塑造自己的形象。如果你在被动攻击的模式下长大，你所描绘出来的样貌可能不怎么漂亮。你描述自己的方式可能会让你觉得软弱、犹豫或孤单。

你的人生是你的责任，而且你有力量改变自己和别人眼中的你，就从小地方做起——当你走在路上或在办公室里，让你的脸上自然流露柔和的笑容，不是亮出牙齿咧嘴大笑，只需嘴角明显上扬。你甚至可以鼓起脸颊、眯起眼睛，看看周遭世界会有什么改变。把这些改变写在你的日记上，大家对你做何反应？你有什么感觉？如果有人问你为什么在笑，就告诉对方说因为你心情好。我打赌你一定会心情很好。

现在，让我们深入内在。你想当一个什么样的人？尤其是想当什么样的伴侣？哪些特质会改善你的人际关系？请记得我们现在说的不是周遭别人，而是"你"能怎么改变自己，让你和别人的感情更好、关系更亲近？你不必故步自封，困在旧有的模式里。人在节食的时候，常会拿体态轻盈时拍下的照片激励自己。你也可以如法炮制，以文字勾勒出你想成为的那个人。

如果你困在被动攻击的处世态度里，你可能很难看见自己的正面特质，所以，想想你欣赏的人。这个人可以是名人，也可以是历史人物，但他们远在天边，我们对他们所知有限。

不如反过来，看看就近在咫尺的人。以下有一些例子。

我欣赏父亲的哪些地方？

- 他说话算话，从不违背承诺，就算我看得出来他很为难。
- 他善于倾听。他会先听我把话说完，再告诉我他的经验是什么。
- 他不告诉我该怎么做，相反的，他协助我自己想办法。
- 他对钱很谨慎，而且他总是先把钱花在别人身上，再用来照顾自己。

我欣赏我朋友菲菲的哪些地方？

- 她很幽默，而且她都拿自己开玩笑，而不是拿别人开玩笑。
- 一旦做好决定，她就勇往直前、不再回头。
- 面临危机时，她总是保持冷静和理智，不会只是双手一摊，而是找办法解决问题。
- 她懂得保护自己。如果累了，她就在家休息。她懂得说"不"。

请注意，有些特质是和这个人有关，有些特质则和这个人如何与他人互动有关。

练习二十一 列出你欣赏的特质,朝此目标迈进

1. 想出几个你欣赏的人,把他们的名字写下来。

2. 针对他们每一个人,列出至少两项正面特质。

3. 浏览你所列的清单,这些特质有没有共同点?有没有像是诚实、果决或慷慨之类的特质?

4. 现在,困难的部分来了。写下至少两项你自己的正面特质。如果写不出来,你可以请身边的伴侣或朋友帮忙,这也是从别人眼中看你自己的一个机会。

5. 列出你自己已经具备的正面特质,以及你在别人身上最欣赏的特质,以此建立一个人格典范。

6. 在一天的开始,看看这份正面特质清单,找寻成为这个人格典范的机会。

7. 在一天的结尾,再看看同一份清单,在日记里写下你展现了哪些特质。保持正面,肯定自己。

这个练习给你一个努力的目标、一个理想中的人物形

象，让你看到自己会成为什么样的人——用丰富人生和人际关系的特质与行为模式来取代被动攻击，你就会成为你想成为的那个人。

别忘了，被动攻击是成长过程中应对周遭环境而养成的行为模式。你不是生来就如此，也不必这样过一辈子。重访儿时岁月，找回受到伤害之前、还没开始被动攻击的自己，对你可能有帮助。

练习二十二　找回你的本质

1. 用第三章的正念练习，把心锚定于当下，让心思专注在此时此刻。

2. 回想十岁或十二岁时的自己。如果那是一段格外创痛的时期，想想你的人生相对稳定、但你大到可以思考未来的年纪。

3. 做白日梦时，你想象中的自己是什么角色？你是海盗吗？还是护士？老师？消防员？探险家？想想和这些角色有关的特质。

4. 孩提时期的朋友和你之间的关系如何？大家玩在一起的时候，你的角色是什么？你是出主意的那个人吗？你是带头的领袖，还是心甘情愿的追随者？

5. 你最爱的游戏是什么？看书？运动？画画？听音乐？

6. 想一段愉快的时光，发挥你的小说写作技巧，巨细靡遗地描述来龙去脉。你做了什么？和谁在一起？你看起来是什么样子？你有什么感觉？

7. 用这些答案勾勒出你童年时的自我形象，它是否具备什么特质能改善你今天的人际关系？

在你的内心深处，有一个强大、善良、充满爱的你。在重新开创人生的过程中，时时谨记你的那个形象会对你有帮助。把你的被动攻击行为想成一件可以脱掉的大衣或外皮。是的，你披着这层外皮很久了，大家可能都习惯看你这个样子了。但他们会很高兴看到底下那个焕然一新、更有自信、心胸开阔的你，你自己看了也会很惊喜。

想看一眼这个新的你吗？按照本章的练习，以文字勾勒出你想成为的那个人。慢慢来。你要重新创造自己，那可是很重要的任务。更重要的是它会影响你人生的每一个层面，从身体面、情绪面到心智面，从职场上的公共领域到个人的私人领域。影响所及也包括和你接触的每一个人。那是一场莫大的冒险，而你已经走在路上了。

— Chapter 08 —

不再
姑息被动攻击

不做帮凶,
从被动攻击者那里拿回主动权。

莫莉才二十五岁就嫁给四十岁的克里斯，克里斯是事业有成的音乐人。在短暂的交往期间，他们到处旅行、参加派对，享尽鱼水之欢，她也见到好多只在电视和网络上看过的明星。年纪轻轻的莫莉向往光鲜亮丽的生活，克里斯带来的一切令她目眩神迷。

尽管如此，她还是觉得他们结婚之后会稳定下来。有了宝宝的时候，她很高兴，克里斯却不开心。他坚持他们还没准备好当爸爸妈妈，径自为她安排了堕胎。她不想这么做，但克里斯大发雷霆，她只好乖乖听话。有时她怀疑自己是不是嫁给了她父亲——一个反对这桩婚事的权威人物。

接下来两三年，莫莉试着提过几次家庭和孩子的话题，克里斯有时气得大吼，有时就直接走掉。他和莫莉买了一栋房子，但他越来越常自己开车去旅行。他说这样可以给她时间打理他们的家,而且也能省一些钱。当她的信用卡开始出问题,像是账款超过最高额度或账单过期未缴,她渐渐认清了真相。

现在,莫莉也承认他们还没准备好建立家庭。在财务规划师的建议下,他们把房子卖了,搬回小公寓去住,用分期付款来缴账单。在那之后,克里斯就不再去见财务规划师,也拒绝把经济大权交给莫莉。他们的债务还是越积越多,而且莫莉很确定有一些钱是花在可卡因上头。她向亲朋好友抱怨,但她不怪克里斯。她说有才华的人都这样,艺术家的性格就是比较放荡不羁,这条路是她自己选的,她心知肚明(或许不够心知肚明),她必须和她选的男人过下去。

她努力保持乐观,努力到已经超出合理的范围。她会跟她母亲说:"他下个月有个不错的案子,到时我们就可以付清账单。"但克里斯一拿到酬劳就会花掉。为了维持他俩的生计,莫莉向她的亲朋好友求助。当他们不再伸出援手,她就在当地一家店铺找了销售员的工作,赚点钱来支付房租、采买食物。克里斯假装视而不见。

过了十二年,莫莉终于受够了。她和克里斯离婚,不幸的是,按照法律,他们的债务有一半都算她的,而她接下来花了五年还清这些债务。

莫莉是很典型的帮凶。她因为源自童年的恐惧而回避冲突,结果反而加强了她想摆脱的行为。有她这面盾牌,克里斯不必为自己的行为承担后果,也就没有动机要和她同心协力改变现况。

不是所有涉及被动攻击行为的关系都会落得这种下场,但对受到被动攻击的那一方来讲,就算不觉得自己快被逼疯或快要情绪崩溃了,至少也会觉得总是摸不着头脑。本书针对被动攻击行为如何陷别人于困惑之中谈了很多,在第七章,我们则请被动攻击者为他们造成的破坏负起责任,并采取一些能将他们身边的人从灾难边缘挽救回来的措施。

没有被动攻击者本人的参与,情况就不会有所改善,但要改善情况也不是全赖被动攻击者。不管是朋友、家人、伴侣,还是雇主和同事,与被动攻击者长期相处的别人,通常会让他们童年的行为模式浮上台面,使得双方的关系落入永无止境的被动攻击循环当中。在第八章,我们就要把重点放在成为帮凶的周遭别人。

就跟跳探戈需要双人共舞的道理一样,被动攻击的关系也需要两个人一搭一唱。跳探戈的时候,两位舞者的上半身贴在一起,某些舞步是两人的脚要短暂交缠,但他们多半是各跳各的舞步,有时看起来几乎像是要绊倒彼此。舞者往往目光低垂,注意力似乎都放在复杂的步法上。探戈是一种热情的舞蹈，但紧绷的情绪似乎多过柔情蜜意。不分性别，被动攻击者是带舞的探戈舞者，别人纯粹就是被他们带着走。

在这一章，我们要来看看你在人际关系中成为被动攻击帮凶的征兆。透过辨识这些征兆，你就能学着不再接受坏行为，以终止恶性循环的方式互动，并保持开放的心胸，接纳对方和你自己真诚表达的愤怒。为了让被动攻击的探戈停下舞步，你需要转换角色，让自己成为带舞的舞者。接着，你必须学习一些新的舞步，并把新的舞步教给你的舞伴，如此一来，你们的探戈才能变得更和谐，也更有爱。

你是被动攻击关系中的帮凶吗？

帮凶让被动攻击者不必为自己的行为负责，以至于在无意间延续了被动攻击的循环。

他们在应该开口时保持沉默，纵容不应容忍的行为，假"支持"之名为被动攻击者脱罪。他们会说："他已经试着要改了。"或是："如果我说什么，她听了只会很生气。"他们是讨好别人的奉承者，有时年复一年怀着船到桥头自然直的希望。

帮凶的特征

你可能不认为自己是帮凶。面对一个被动攻击者,你只是想在相处当中表现出支持、理解与耐心。或许在对方伤害你或令你失望时,你太轻易地放他一马,但是你爱他,爱他不就是要接受他的样子吗?只要可以,你就会试着帮他一把,免得他的被动攻击行为惹出大麻烦。是的,绝大部分时间可能都是你在经营这段关系,但你只是想给对方时间和空间慢慢改变。只要你爱他,只要你努力经营你们的感情,总有一天他一定会改头换面——至少你是这么想的。

你看不见而本章要告诉你的是:你创造了一个让被动攻击行为"行得通"的世界。**当你容许他不必为自己的行为承担后果,就算老是迟到、说一套做一套,或者以其他本书描述的典型做法,迂回地表达藏在心里的愤怒,他都不必付出任何代价,那他为什么要改变呢?** 让我们从不同的角度来看看你给他的"帮助"。

1. 怕惹恼对方而回避冲突

你可能自以为在维持和谐融洽,但回避冲突带来了很高的代价。莫莉怕克里斯生气而不愿和他硬碰硬,于是她怀孕了就堕胎,又默默看着克里斯毁掉他们的家庭,因为他不想负起家庭责任。在这本书里,我们已经看到愤怒如何将情绪和界限受到侵犯的重要讯息传递给我们。现在，按照以下的检查项目，看看你是否具有帮凶的特征。

- 你很难挺身和对方对抗。
- 在你们家，和睦比诚实更重要。
- 对方用一些反过来指责你的说法，诸如"你不要让我……"和"你总是……"就能轻易操纵你。
- 一旦对方生气，你就会退缩，不再谈他／她的被动攻击行为。
- 只要受到一点点的肯定或感激，你就火气全消，愿意接受被动攻击的行为。
- 你很难对人说"不"。
- 你不会直接指出对方的被动攻击行为，因为你想避免内疚的感觉。

2. 替对方的不当行为承担责任或转移责任

拒绝为自己的所作所为负责，是被动攻击行为的一大特征。不管出了什么问题，永远都是别人（或这个世界）的错，而帮凶欣然同意问题出在别人身上，无形中便成为助长这种行为的共犯。帮凶不去帮助被动攻击者承认自己有责任，反倒迫不及待把矛头指向别人，甚至指向自己。或许，出于一种保护"自己人"的不当心态，帮凶乐于为对方开脱。以莫莉为例,克里斯不负责任的失控行为和他的艺术家性格有关,而他无疑也很乐意接受这种说法。看看你能否从下列检查项目中辨认出自己的特征。

- 就算不是你的错,你也连忙道歉。
- 你会把对方的行为归咎于自己。
- 你会把对方的问题归咎于环境或其他人。
- 你随时都准备好一堆借口和说词,如果有外人提出质疑,你就会用来捍卫你身边的被动攻击者。
- 有时你为对方找的借口不具可信度。
- 在你们之间,因对方的行为而导致的问题,你也归咎于自己。
- 你觉得如果你某件事(或每一件事)能做得更好,对方的被动攻击行为自然就会停止。

3. 替对方的人生揽下责任

你可能只是想帮忙,但老是跟在对方后面替他擦屁股,只会让他永远学不会照顾自己。有些人会替粗心大意的伙伴揽下工作上的责任。有些人会代替伴侣照顾他的家人。莫莉向别人寻求经济上的援助,最后自己去找了一份工作,但实际上是克里斯需要照顾好自己,尽他对这段婚姻的义务。是的，爱他就要照顾他，这一切都展现了你呵护这段感情的用心，但这种照顾用在婴儿和孩童身上才是恰当的，用在应该照顾自己的成年人身上就用错地方了。你的伴侣可能有一段辛苦的童年岁月，但那不代表你应该延续他们儿时待人接物的方式。以下这些特质听起来是否很熟悉？

- 你把对方的需求看得比自己的需求重要。
- 你"解决"对方的问题，却疏忽了自己的问题。
- 你帮对方脱身，让他/她不必面对自己应该处理的状况。
- 你拉朋友一起来帮你替对方收拾善后。
- 你会收拾对方的行为导致的烂摊子，好让你们双方都不必承担后果。
- 你觉得自己必须补偿对方家人的不当之举。

4. 否认事实

你可能浑然不觉自己接受了对方的借口或托词，而就算你心知肚明好了，根据经验，反正一切都不会改变。更有可能的是你一心只想维持这段关系，于是你拒绝看到任何显得它岌岌可危的征兆。你或许装得了一时，但你很有可能因为选择接受这种对待，而拒绝看到日益加剧的愤怒。

以下是最后的检查项目。

- 你否认对方有被动攻击的行为。
- 你否认在其他每个人眼里都显而易见的动机。
- 你看不见对方行为的黑暗面。
- 你信任对方,即使他已经破坏了你的信任。
- 即使警讯显而易见,你还是继续任由自己受到被动攻击的伤害。

在上述这些项目里,你打钩的可能不止一项。在同样的反应背后也可能有不止一个原因。举例而言,你之所以回避冲突,可能是因为你来自一个火爆型的家庭,家里经常起冲突,场面甚至会很暴力。又或者,你可能不惜一切代价,就是要维持这段关系。你可能是出于一种把自己视为照顾者的不当心态,或者出于你对某件陈年往事的内疚,才会替对方的所作所为揽下责任。现在,我们来看看帮凶的行为在孩提时期是如何养成的。

家庭环境与帮凶行为的关联

有许多的童年模式都可能养成帮凶的行为,当然,最简单的一种就是最直接的模式:如果父母双方或其中一方是帮凶,那么,这就是他们的孩子所看到的成人角色模范。孩子所生长的家庭,甚至可能就有一个帮凶和一个有被动攻击行为的人。这下子，他们不只自己有了一个角色模范，而且还有了一组他们会在同伴身上寻求的特征。

养成帮凶的家庭还有一些其他的特性，看看有哪些听起来符合你的成长背景。

1. 情感匮乏

情感匮乏的帮凶往往来自有裂痕或父母离异的家庭环境。又或者，他们的父母可能人在身边，但却感觉遥不可及。社交的自信和自尊，来自情感安全稳定的童年，这方面的匮乏使得他们的心灵格外脆弱，生怕受到拒绝或抛弃。只要能避免儿时的痛苦在现在的人际关系中重演，要他们做什么都可以。

有些孩子学到替人开脱就是在对这个人好。如果父母让你失望了，你不能对他们直说，因为他们会生气，于是你就合理化他们的行为，为他们找借口。在这种环境下长大的人，只要不被抛弃，什么都愿意做。当他们落入一段对方有被动攻击倾向的关系中，他们就会表现出典型的帮凶行为，因为只要那个被动攻击者依赖他们，继续和他们往来，他们就得到了某种程度的关爱和肯定。在他们心目中，有总好过没有。

> 女同志安柏和萝丝同居，萝丝是一位精明干练的会计师，两人住在芝加哥。早在安柏出柜之

前,她的家人和朋友就待她像一个不可碰触的禁忌。她一公开性向,家人就和她撇清关系。萝丝是第一个和安柏同居的伴侣,她奋不顾身地想要维持这段感情。

安柏在一家书店上班,她热爱这份工作,但她的酬劳很低。萝丝在一家大型顾问公司上班,家里的经济主要仰赖萝丝。萝丝痛恨她的工作,她想当作家,但却不朝这个目标采取具体的行动,而是用被动攻击的行为折磨她的老板。她总说如果老板开除她,她或许会去欧洲旅行一阵子。她从没说过要不要带安柏一起去。

安柏会替萝丝找借口,也会拿萝丝在公司的自毁行为开玩笑,她还帮萝丝做过一些她带回家的工作,甚至帮萝丝送她"忘在家里"的资料去办公室。每当萝丝提到旅行的话题,安柏就格外努力做出讨好萝丝的反应。她渴望得到萝丝的认可。

2. 童年受虐

火爆型的家庭里父母经常大吼大叫或拳脚相向地表达愤怒,在这种家庭长大的人往往嗅到一点点冲突的迹象就会退缩。他们当惯了肢体和情绪暴力的发泄对象,成年后宁可接受一样的对待,也不愿为自己挺身作战。他们凡事以和为贵,只要能息事宁人、防范擦枪走火,他们什么都肯做，因为他们受不了冲突。他们往往沦为蒙受被动攻击者言语攻击的沙包，容许被动攻击者侮辱、批评、藐视他们而不必付出任何代价。

路易斯和卡尔当了十年"最好的朋友"。在他们的社交圈中，没人能够理解路易斯为什么只是站在那里，任凭卡尔对他百般侮辱，包括用一些种族歧视的字眼。卡尔是一个把愤怒藏在心里的被动攻击者，而在路易斯身上，他找到一个发泄怒火的完美箭靶。

3.承担过重的责任

有些孩子在成长过程中，他们的父母似乎期望他们当个小大人。几乎是刚学会走路，他们就开始照顾父母和家里。对这些孩子来讲，爱是有条件的。视表现而定的爱使得他们自我价值感很低，觉得必须照顾每一个他们所接触到的人。

专断独裁或完美主义的父母也会造成同样的结果。在纪律严明的家庭里，孩子往往很小就要做家务，但这种教养方式没有教他们负责任，而是在无形中告诉他们：在别人的人生中，他们扮演的是纯属工具的角色。**唯有表现良好，他们才会有人爱。**长大成人之后，他们就成为收拾烂摊子的人。他们负责捡起丢了一地的脏衣服。他们每天晚上负责洗碗。当被动攻击的工作伙伴刚好"忘记"有客户要来,他们就负责在最后一刻把一切准备妥当。

诺拉和高中初恋对象结婚已近三十年,两人的婚姻幸福美满。诺拉的母亲寇妮离过四次婚,她对诺拉的父亲积了满腔的怨气。眼见诺拉的婚姻经营得很成功,寇妮就用一些搞破坏的小动作表达心里的愤怒。寇妮会临时变更和诺拉一家人的约定,也会三更半夜惊慌失措地打电话来,要诺拉帮忙挑生日礼物。她还会"不小心"把东西落在诺拉家,心里知道诺拉会丢下一切,开一小时车送她的粉饼盒、梳子或电话簿过来。诺拉不想再容忍她母亲,但她没办法。从很久以前,"讨好"和"照顾"就是她和人互动的模式,她摆脱不了这种习惯。

4. 被操弄的罪恶感

有些帮凶的家庭成员会利用人的罪恶感,借由让人内疚来达到自己的目的。

"你爸和我工作得这么辛苦,你才有玩具可玩。你以为我们高兴吗?"

"你和朋友在外面玩的时候,我就在家帮你打扫房间、熨衣服，心想你回家已经太累，做不了这些事了。"

那份罪恶感一直延续到长大成人，本来或许只是对父母怀有这种内疚，但后来就变成帮凶身上吸引被动攻击者的一项特质。**当帮凶要被动攻击者负起责任时，被动攻击者就以"瞧你害我多难受"或"你就是不想看到我快乐"之类的回应作为反击，这些操弄的伎俩激起内疚的感受，帮凶就再次纵容对方的行为。**久而久之，帮凶知道正面冲突的结果只是让自己内疚，于是就不再说些什么了。

帮凶得到什么

帮凶可能觉得被动攻击的关系满足了他们个人的需求，毕竟在成长过程中，他们已学会用不健康的方式来处理他们的需求。当你继续留在被动攻击的循环中，你不只是在助长对方的行为，也是在满足你自己的需求，但这种满足方式其实可能限制了你的成长和幸福。建议你回顾一下第二章和第三章，以你自己为主，看看你在过去有没有什么待人接物的方式，如今并不符合一个成年人的需求。

丽莎是洛杉矶一位知名生意人及慈善家的女儿，她父亲总是在工作和出差，所以她很习惯他不在。父亲是在外奔波的明星，而她负责顾家。从妈妈到兄弟姐妹,乃至于家里的用人,一律由丽莎安排打点。后来她嫁给一个英俊潇洒的职业运动家,她老公酗酒、嗑药,而且赛季时也总是不在家。

小时候,丽莎就习惯为不在家的男人当后盾。在她的婚姻里,吸毒的老公就扮演了这种角色。对她来讲,有人在身边给她爱与温暖不是常态。事实上,她老公出远门时,她就邀她的姐妹来家里住。这位姐妹也是毒虫,她代替了她老公的角色,让丽莎可以继续当一个帮凶。

诚然,丽莎的帮凶行为是在满足她自己的需求:她想成为某个人不可或缺的依靠。与此同时,她并没有得到正常成年人需要的情感、分享与支持。

我鼓励你仔细检视你的人际关系,看看你是否在当被动攻击者的帮凶。若是如此,你应该要问自己几个困难的问题:

- 我想从帮凶的角色中得到什么情感上的满足?
- 我是怎么学会用这种方式处理我的需求的?
- 这种方式对我的人生来讲健康吗?
- 如果用更健康的方式处理潜在的需求,我会不会过得比较好?
- 我身边的人会不会过得比较好?

- 我要怎么做，才能以健康的方式满足自身的情感需求？

举例而言，多数人都有照顾他人的需求——或许是帮助别人解决问题，或许是为别人带来幸福快乐。然而，情绪健康的人明白他们也要照顾自己的需求，而一段健康的关系应该要能为双方都提供支持。他们彼此尊重对方照顾自己的权利和能力。

第一章到第四章的素材能帮助你评估自身的情绪、需求和界限，做此评估则有助于了解你为什么会成为被动攻击者的帮凶。如果学会解除帮凶模式，你就能为两人间的沟通奠定坚实的基础，并协助对方挣脱被动攻击的恶性循环。事实上，当被动攻击者的帮凶并不是在满足你的需求，而是在妨碍你以健康的方式体察自己的情绪。

帮凶失去什么

到了最后，你不得不放弃。你得出自己做什么、说什么都改变不了对方的结论。你之所以留下来，只是因为离开看起来是更糟的选择。

你累积了满腔怒火。你告诉自己：都是对方"把你变成"帮凶。积压在你心里的怒火，可能会以被动攻击的行为宣泄出来，跟对方的行为两相呼应。

一旦发展到这种地步，这段关系就注定要失败了。如果你认为所谓的关系是两人之间爱的连结,建立在关爱的举动和坦诚的沟通之上,那么这段关系就"已经"失败了。你所拥有的关系完全是另一回事。

对帮凶而言,引爆点可能只是微不足道的小事。你忍了又忍、原谅了又原谅、一再为对方开脱,突然间,一个小小的举动或字眼就压垮了一切。你从"没关系"瞬间切换到"你等我律师的消息"。如果你早个五年、两年或甚至一年把话说开,好好处理问题,你们可能还有别的选择。但事到如今,病痛已经无药可医了。你积了满腔的怨恨,一心只想放弃。你宁可毁掉一切,也不想面对你在两人的问题中扮演的角色。

你的人际关系不必落得如此下场。它还有救,但你必须现在开始行动。

认清你所扮演的"别人"角色

无论你们的关系在你看来如何,被动攻击者是双人探戈中带舞的那个人。你可能会觉得你是照顾他、为他收拾善后的人,但为这段关系定调的则是他。想想看吧,他带舞,你跟着起舞。获得满足的是他的需求,而不是你的需求。

诚然,除非他开始为自己负责,否则你们的关系不会改变。但只要你的帮凶行为让他没有改变的动机,他就不可能学着为自己负责。在第七章，我们致力于帮助被动攻击者重新定义自己，并以成为新的自己为方向，设下新的个人目标。现在，你需要重新定义你在这段关系中的恰当角色，以及你能期望从中得到什么。

新的舞步将让你和对方更亲近，突破旧舞步并学习新舞步需要下苦功，为了做好准备，你还需要采取一些步骤。

认清助长被动攻击的盲点

既然买了这本书，也读了这本书，你就已经踏出很重要的第一步了。在本书的八个章节中，你已经学到童年的成长如何带你们双方来到现在的十字路口。你已经看到如何让愤怒和冲突在你的人生中发挥恰如其分、正面良好的作用。你也已经学到有助破除被动攻击魔咒的沟通法和互动方式。

重温第三章的正念练习，你或许就能认清你人际关系中的盲点。这些盲点是你持续否认、一再为对方开脱或自己揽下责任的被动攻击行为。这些盲点是你容忍、合理化或视若无睹的言行举止。让你看不见也不处理被动攻击行为的恐惧就是你的盲点。

情绪会引发身体的知觉感受，盲点往往会透过这些知觉感受暴露出来。当别人做了什么事让你很生气，但你不明白自己为什么生气时，那就表示这当中可能存在什么盲点。有盲点的人往往还没为自己建立清楚明确的身体和情绪界限，所以他们不知道自己该对什么觉得生气或受伤。他们往往认为自己的思绪或情绪"不好"。情绪没什么不好。情绪就是情绪。如果没有加以体会并释放，这些情绪就会造成问题。这就是为什么认清你的盲点很重要，如果你想摆脱帮凶身份的话。

练习二十三　认清你的盲点

1. 用第三章所述的正念技巧，找一个能安静独处十五到二十分钟的地方。

2. 回想过去一两天你和别人的互动情况。你的身体是否在你想到某一件事时有反应？在你脑海里，有没有哪一件事特别突出？

3. 仔细回想来龙去脉，专注在你对那件事的回应方式上。你是否表现出本章提及的帮凶行为了？

- 你没做错事，却向对方道歉？
- 面临冲突时连忙退缩？
- 为对方的行为编造不实的借口？
- 不管对方遇到什么问题，你都提议由你来解决？

4. 静静坐着，体会你的感受，看看脑海浮现什么念头。在同样的情况中，你还有什么其他可能的回应方式？

5. 你为什么是那样回应？

探究自己在被动攻击的探戈中所扮演的角色时，经常重温此练习会有帮助。

放下不健康的依恋

我们对"依恋"一词往往抱有正面的想法。"依恋"让我们想到的是喜欢一个人、享受那人的陪伴、为那人分忧解难、即使分隔两地也心意相通等正常的感受。这些都是正面、良好的感受，能为我们的人际关系带来健康、甜美的果实。然而，有些依恋太过度，而且不健康。在被动攻击的探戈中，在帮凶身上就常常看到依恋对方的痕迹。

情绪上依赖别人是不健康的。在一段良好的关系中，彼此应有程度对等的互相依赖：

- 我低潮时依赖你的安慰，相对的，你低潮时我也在你身边。
- 我喜欢和你在一起，但当你不在身边，我也可以自得其乐。
- 我想带给你幸福快乐，而我知道你也想让我幸福快乐。

- 我们两个合起来是天作之合,但分开来也各自是快乐、独立的个体。

请注意,这些陈述多半都是双方面的。我付出,但我知道你会回报我的付出。这在被动攻击的关系里是很罕见的情况,帮凶的付出尤其是单方面的。尽管被动攻击者也对继续这段关系有贡献,但帮凶宁可付出任何代价,也不愿面对一拍两散的可能。

这是不健康的。设法满足自身需求乃人之常情;这种自我牺牲不是爱。

过度投入别人的需求与感受是另一个警讯。同伴之间为彼此分忧解难是正常的,但除非情况危急,否则每个人都应该回到自己的问题上。如果我的同伴得了癌症要开刀,我可能很难专心做我的工作。如果我的同伴担心某位客户的要求,我可以听她倾诉,表示我懂她的心情,接着就回去处理我自己的工作。如果我的同伴在想晚餐要吃什么,我可以提出建议,也可以只是温柔地笑一笑,让她自己去伤脑筋。

请注意,这些反应显示出对同伴的尊重——我尊重我的同伴迎接人生挑战的能力。我的同伴可能比我清楚她晚餐想吃什么,而我知道她能胜任她的工作,她会为自己的难题想出一套办法。针对癌症的诊断,我明白她面临令人无所适从的选择和艰难的治疗过程,我想尽我所能陪伴她走过"她的"危机，但我知道那不是"我的"危机。

在依恋情结作祟之下，帮凶过度投入自己的心力到被动攻击的同伴身上，对方人生中的大小事都成为帮凶的事。帮凶甚至会注意可能出事的潜在征兆，在还没发生问题之前就为对方找借口和理由。

拯救同伴的行为自然而然随之而来。如果我担心每一件发生在我同伴身上的大小事，我自然会冲上前去（甚至不请自来），替对方揽下责任、解决问题。在正常的人际关系中，同伴之间会寻求彼此的建议，但他们明白当事人要负责做出令自己满意的决定。别人或许会伸出援手，甚至鼎力相助，但他们不会介入当事人的人生、替当事人过活。他们尊重他们的同伴，而他们的同伴赢得了这份尊重。

养成健康的依恋

"疏离"一词给人的联想，往往像《星际迷航》（Star Trek）中的角色史波克般的淡漠无感、全凭理性。确实，理性让我们从情感中抽离出来，但发挥理性不代表就没有感性的空间。我要给你的建议，不是在"不健康的依恋"和"完全没有依恋"之间二选一。我要提出的是一个对你和周遭别人都更健康的折衷之道。

我所提议的那种疏离，是我们出于爱而将自己从同伴身边抽离开来，尊重他们的权利和能力，让他们为自己的人生作主。我们对他们放手，给他们呼吸的空间。这代表我们明白自己不可能真正代替他们解决问题。我们只能递上创可贴和止痛药。即使是在最亲密的人际关系当中,我们都需要顾好自己的责任,也让同伴顾好他们的责任。永远怀着爱与同理心,但不插手干涉。

公司里没人能够理解茱蒂为什么对杰森那么宽容。茱蒂是圣路易市一家设计公司的老板,杰森则是一家全国连锁零售商的主要联络人,这家零售商是他们最大的客户。在他们看来,杰森太夸张了。他总在最后一刻改变主意,不愿为多费的工时付钱,和茱蒂的员工接洽时表现得不尊重又不专业。他让公司里每个人的日子都很难过。

茱蒂跟他们说,杰森基本上是个好人,他只是想督促大家拿出最好的表现。她没说的是,杰森大学时和她最好的朋友交往,他俩分手之后,他曾短暂休学,因为他受到的打击太大。他常找茱蒂诉苦,殊不知是她怂恿好友甩了他。为了弥补他(她自认是在弥补他),她帮他填了复学表格,还帮他付了注册费。

然而,他的分数不够高,进不了法学院。结果他拿了个商学学位,后来就到零售公司,从基层往上爬。但据她听到的传闻,一路上他得到许多帮助。为他的坏脾气和没礼貌开脱是她帮助他的方式。基于帮助他的渴望，也基于她对过去发生的事不当的内疚感，她要自己的员工别跟他计较。

茉蒂自认在帮忙，但她的帮忙其实对贾森没好处。相反的，他踏上了一条很可能以灾难收场的道路。贾森迟早必须为自己的人生负起责任。茉蒂要员工接受他们不该接受的行为，因为她对贾森的遭遇怀着不合理的罪恶感，毕竟是她的好友甩了贾森。

从被动攻击者那里拿回掌控权

为了给你们的关系一个延续下去的机会，而且延续的方式能让你们双方的人生都获得改善，你需要改变舞步。在尝试这个部分之前，请确保你已经给了本章前面的部分足够的时间：认识自己的行为，了解自己是如何成为被动攻击的帮凶。你要打下稳固的基础，才能达成接下来的目标，不要给你的前置作业打折扣。

学习如实表达情绪

经过本章前面的练习，你已经辨认出在你们的关系中特有的一些沟通问题。对接下来的互动而言，这是你的前置作业。你知道接下来会发生什么情况，而且现在你可以更有效地处理了。在这个步骤,最重要的或许是学会在你生气或不高兴时如何反应。

1. 停下动作,默数到十五,深呼吸几下净化思绪,直到冷静下来之前都不要说话,但不要离开现场。

2. 以牙还牙、冷嘲热讽或批评挑剔都无济于事。

3. 我们学过愤怒和它对人生的价值与建设性,牢记你已经学到的东西。

4. 如果还是冷静不下来,告诉那位被动攻击的同伴说你很不高兴,你需要时间整理情绪。

5. 整理好之后,告诉对方这件事为什么让你不高兴。

6. 用第一人称叙述法。如果你说:"你不讲道理。"对方可以否认。但如果你说:"我觉得你说的话对我造成很大的压力,这就是我为什么会不高兴。"你就不会激起否认的反应了。

面对被动攻击者的一大挑战,在于诚实指出他们的行为,却不激起防卫和否认的反应。多数时候,他们是真的不明白你为什么生气或不高兴。

为了达成有效的沟通,你需要降低他们对冲突的恐惧与忧虑,跟他们吵无济于事。当你开始改变舞步,转换成带舞的角色,你的舞伴可能会很讶异也很抗拒。被动攻击是

他的舒适圈,他可能无法理解这种改变。有个办法是在执行之前先谈谈你预备要做的改变,比方你可以跟对方说:

> 我们的关系中存在着被动攻击的问题,读了这本书,我认识到自己是如何成为这个问题的帮凶。我要为自己助纣为虐的行为负起责任。我已经明白自己为什么会以错误的方式回应你,现在我要尽我所能改变情况,就让一切到此为止。我很重视我们的关系。我不想离你而去,但我希望我们能比以前更亲近。我想,开诚布公的沟通是一个好的开始。

复习第五章和第六章,参照这两章的指示,进行坚定果决的沟通,并找到解决冲突的方案。用第一人称叙述法来指出对方的行为如何影响你、家人、朋友和同事,这么做可避免流于指责或羞辱对方。你不是在怪他,而是在给他一个改善的机会,让他看到自己的言行举止造成什么影响,并朝改变的方向迈进。

2. 坚持你的底线

在第四章,我们讨论过界限和极限。界限勾勒出你觉得舒适的范围,极限则告诉其他人你的最大限度到哪里。要知道行动比空谈更重要,注意你的同伴是否言行不一致。为了改善你们的关系,你不仅要处理对方的否认心态,也要处理你自己的否认心态。你需要给对方清楚的指示，表明未来你期望受到何种对待。每当你的界限受到侵犯，就向对方指出来，并且不接受任何借口。

对改变给予肯定

人在肯定自己时会比否定自己时做得更好，有被动攻击行为的人尤其如此，因为他们对批评格外敏感。他们受到的正面肯定可能不多，而正面的肯定是帮助他们改变的办法。虽然你在对方越界时必须提出来，但如果一直着重在他们做不好的地方，可能会导致他们丧失对成长或改变的希望。

着重于做得好的地方，则能给对方一种可以克服眼前困境的希望。成功的感觉能培养自信和自尊，而对于设法要摆脱被动攻击习惯的人来讲，自信和自尊是很重要的特质。所以当对方尊重你的底线，或以坚定果决的谈话方式诚实说出他的感受时，你务必也要记下这些情况。

表示"认同"好过给予"赞美"。认同能带来正面的感受，并为你想看到的行为形成一股支持的力量。认同是具体肯定对方做得好的地方，例如："关于这周末的计划，我觉得我们的讨论很成功。我们双方都很诚实，而且达成了彼此都很满意的结论。"

赞美则比较空泛，所以不会加强特定的行为，反倒会养成被动攻击者对赞美的依赖。认同着重于正面的行为，为对方带来自我满足感，鼓励对方继续做出一样的表现。赞美则诱导对方来讨好你，而不是为了成就感去做到某件事情。

采取行动，改写结局

莫莉和克里斯这段婚姻的结局，对他们两人来说都是损失惨重。除了一起背债，双方更虚掷了十二年的岁月。他们本来可以用这十二年来改善两人的情绪状况。莫莉也错失了十二年生儿育女的时光，没能建立她本来可以建立的家庭。这种结果并非不可避免。

如果莫莉采取行动，打破这段关系的被动攻击循环，她就有两条可能的出路。比较差的一条路是她认清现实、早点抽身，给自己一个新的开始，去追求新的感情。比较好的一条路则是她和克里斯同心协力，把一开始辉煌灿烂的恋情变成踏实稳定的关系，以健全的人格，满足彼此的需求，两个人一起成长。

尽管有许多挑战，你的感情还是能有圆满的结局。法宝握在你手里。光是在读这本书就说明你有改变的态度。现在，你要做的只是跨出第一步。

结语

从第一章读到第八章,现在,你手里握有八把钥匙,它们能帮助你将被动攻击从你的人生和人际关系中赶出去。每一把钥匙都开启一扇门,让你对自己的感受和回应他人的方式有全新的眼界。

钥匙一	正视你的愤怒,把它当成你的盟友。愤怒是传达讯息的使者,让你知道你的界限遭到侵犯,或你的需求没有得到满足。
钥匙二	重新连结你的情绪和思绪,区分事实与童年形成的迷思,后者可能限制了你和你的人际关系。
钥匙三	倾听身体的声音,运用正念的技巧,觉察身体的知觉感受和内心的情绪起伏。
钥匙四	为身体和情绪设下健康的界限,如此一来,你才能建立对自己的身份认同感,并要求别人尊重你的界限。
钥匙五	坚定果决的沟通,一方面让别人知道你的感受和需求,一方面也让你更充分地了解并尊重别人的需求与界限。

钥匙六	重新看待冲突。要知道冲突就像愤怒一样,是解决分歧、拉近距离的好用工具。
钥匙七	将正念运用到人际互动上,为自己负起责任,以正念的处世之道,迎向被动攻击的挑战。
钥匙八	不再当随之起舞的帮凶,认清导致你成为被动攻击共犯的特质,学习不同的舞步。

一想到八把钥匙,我们眼前就不禁浮现一道又一道的门。我们拿起钥匙打开门,穿过一个又一个房间,向某个神奇的目的地迈进。事实上,依情况而定,你会在各个房间来回穿梭。举例而言,在解决冲突(钥匙六)中途,你可能需要回到钥匙三的正念基础练习,集中你的注意力,亲近你的情绪。而你认识到的情绪如果是愤怒,那么回到钥匙一可能对你有帮助。

在本书的前言,我们看到了莎拉和汤姆的例子。现在,我们就来看看这八把钥匙能为他们的关系带来什么改变。汤姆过去就习惯被动攻击,他也把这种行为带到他们的婚姻当中,选择避免冲突,而不表明他对莎拉越来越忙于工作的不满。相对的,莎拉越来越受挫,她不再试着直接处理他们的问题,反倒也跟着采取被动攻击的行为模式。你或许还记得,莎拉满怀期待回到家,一心想和老公去度周末,结果却发现他跑去找朋友了。汤姆很晚才回家。

最后,晚上十一点左右,汤姆若无其事、悠哉悠哉地回到家里。莎拉诚实地说出她的感受。

"我本来希望今晚就能出发去山上度假。我很期待和你共度两人时光。"

"是啊,最近我们可没共度多少两人时光。"汤姆说完后,意识到自己冷嘲热讽的语气,他深呼吸几口气冷静一下,改口说,"对不起,我让你失望了。"

莎拉听出他语气的转变。"你自己不觉得失望吗?"

对汤姆来说,这是一个很难回答的问题,因为他怕莎拉听了实话会不高兴。他说:"还好欸,毕竟我们住不起……应该说'我'住不起那么豪华的度假村。我知道你赚得比较多,可是……"

莎拉听出他的言外之意了。"我想送你一个特别的假期,弥补我忙于加班不能待在家的时间。而且,我想去一个安静的地方,让我们可以好好谈谈心。"

汤姆笑了。"这里就很安静啊。"

"我们需要聊一聊。"莎拉说,"我都不知道你在想什么了。"

"我以为你忙到不在乎我想什么。"

她摇摇头。"没这回事。现在很晚了。我们明天早上聊聊吧。"

第二天,他们着手解决冲突,结果令人惊喜。

莎拉:我不满意现在这种生活。我喜欢工作,但这份工作占用太多我的时间和精力。我们要是不缺钱就好了。

汤姆:看来你想换工作,但你担心我们钱不够用。我也有工作啊,如果我们坐下来,检视一下我们的开销,或许就能找到即使你的收入减少、我们也过得去的办法。

莎拉:意思是你愿意降低我们的日常开销?我要是收入减少,我们搞不好得把这房子卖了。

汤姆:我们当初买这房子是为了建立一个家庭,生儿育女也是我们结婚时想达成的目标之一。看来现在我们有了房子,却没有更接近目标,反而越走越偏了。

莎拉:听起来你对我们还没生孩子很失望。我也一直在想这件事。我的年纪越来越大了,或许是时候检视一下我们的目标了。

当然,只谈个一两次是无法改变你们的互动模式的。被动攻击和帮凶行为都源自童年根深蒂固的习惯,尽管如此，这些习惯是戒得掉的。不妨把它们想成一双旧鞋，穿惯了的旧鞋或许很舒适，但如果已经不合脚，穿起来可就难过了。它们会压迫你的脚趾头，迫使你以全身紧绷的方式走路。要把正念变成你的自动预设模式是需要时间和努力的。

在你设法要降低对被动攻击行为和帮凶反应的依赖时，正念是一个有许多用途的工具。发挥正念时，你就能放慢自己的反应，和眼前的情况拉开一段距离，探索自己真正的感受，而不落入被动攻击的循环。除了觉察自己真正的感受，正念也能帮助你更有效地聆听别人想告诉你的讯息。

是时候把旧鞋收到橱柜深处，换上新鞋踏上新的人生旅途了。这不是一蹴可就之事，改变行事风格需要日复一日时时注意，直到养成自然而然的习惯为止。以下五个不可或缺的基本步骤是改变的起点：

1. 认清你的被动攻击或帮凶行为已经成为本能反应的事实。它们是你在童年养成的应对方式，如今则已成为你根深蒂固的一部分。
2. 为你自己的所作所为和所思所感负起责任。
3. 列出最常受到你的被动攻击或帮凶行为危害的人，如果他们已不再是你人生中的一部分，而且你已不会再对他们构成危害，那就写封信给他们，告诉他们你明白自己做了什么，并为你造成的痛苦致上歉意。

4. 至于依旧和你有所往来的人，你则要向他们承认你的被动攻击行为，并请他们帮你一起停止这种互动方式。

5. 诚实而详细地列出你最常出现的被动攻击或帮凶行为，观察这些行为的警讯，把结果写在你的日记里。

一旦打好这个基础，以下是一些能让你坚持下去的好习惯：

1. 养成练习正念的习惯。找一个你能安静独处的地方，每天至少练习十五分钟。

2. 过程中，一一回顾过去一整天发生的事情，以及你和别人互动的情况，看看有没有你不想要但很常有的行为。把你的发现记录在日记上。

3. 如果你发现自己一整天都能直接表达自我，那就犒赏自己一下。

4. 如果你一整天都能怀着同理心倾听别人，并理解他们的想法，那就犒赏自己一下。

5. 如果你漏掉了某一天的正念练习，那就额外再补练一次，让自己重新回到轨道上。要知道漏掉不是问题，就此放弃才是问题。

6. 用第一章到第四章的练习，对藏在心里的愤怒、非理性的恐惧、负面的想法、迷思和界限保持觉察。

7. 和你的同伴一起，本着同理心，用坚定果决的沟通法，每周检讨一次，找出做得好和做不好的地方。解决悬而未决的冲突，偶尔举行一个重新立誓的仪式，重振你们对克服被动攻击和帮凶行为的决心。

被动攻击是很难打破的循环，尤其是在帮凶的一搭一唱之下，但你可以挣脱它的束缚，朝相互支持和更契合的关系迈进。本书提供了方法，而你可以找到向前走的意志、勇气与热情。要不了多久，你就能得到自我价值感提升和人际关系改善的回报，并从这些回报当中得到鼓励。在你人生中的各种人际关系都会获得改善，尤其是和你所选择的伴侣。

祝福你得到最好的结果——因为你值得！

致谢

在本书成形的过程中,特别感谢以下诸位所扮演的重要角色,我对每一位都很感激。

芭贝特·罗斯柴尔德(Babette Rothschild)对我在愤怒管理领域的作品予以肯定,并邀我参与她这个富有开创性的书系。没有她,就没有这本书。

布琪丝·诺葛兰(Brookes Nohlgren)是我在这个计划当中的好伙伴,这位无价的伙伴真的懂我,她能将我的故事、笔记、观察、趣闻和知识化为广泛涵盖各层面的改进和蜕变工具。

给我支持与指教的诺顿专业书籍(Norton Professional Books)主编黛博拉·马穆德(Deborah Malmud)。

尽心尽力的菲·贺芙(Fay Hove),她的善良和诸多看法让我们有很棒的合作关系。

在个人、专业和心智各方面助我成长的同事和朋友(两者多有交集),他们的支持、见解与热情一直是我前进的动力。

才华横溢、心胸开放的柯特·巴提斯特（Curt Batiste），挑战我、开拓我的视野，并在我最需要时安抚我焦虑的情绪。

荣恩·帕斯（Ron Poze），一切的起点！

派特·奥顿（Pat Ogden）教我身心合一可让我的作品改观，并鼓励我勇于尝试。

最后，最感谢的还是我的家人，若是没有他们，我对被动攻击不会有切身的体会。